职业技术教育丛书

实用电脑操作技术

王学云　曹湖海　主编

U0343500

黄河水利出版社

图书在版编目(CIP)数据

实用电脑操作技术/王学云　曹湖海主编 .—郑州：
黄河水利出版社,2006.8
(职业技术教育丛书)
ISBN 7 - 80734 - 095 - 9

Ⅰ.实…　Ⅱ.①王…②曹…　Ⅲ.电子计算机—基
本知识　Ⅳ.TP3

中国版本图书馆 CIP 数据核字(2006)第 085779 号

组稿编辑:雷元静　电话:0371 - 66024764

出 版 社:黄河水利出版社
　　　　　地址:河南省郑州市金水路 11 号　　邮政编码:450003
发行单位:黄河水利出版社
　　　　　发行部电话:0371 - 66026940　　传真:0371 - 66022620
　　　　　E-mail:hhslcbs@126.com
承印单位:黄委会设计院印刷厂
开本:787 mm × 1 092 mm　1/16
印张:10
字数:231 千字　　　　　　　　　　印数:1—5 500
版次:2006 年 8 月第 1 版　　　　　印次:2006 年 8 月第 1 次印刷

书号:ISBN 7 - 80734 - 095 - 9/TP·25　　　　定　价:28.00 元

前　言

职业教育的教学是以培养能力为核心的,理论教学是为能力培养服务的,应以"够用、实用"为原则。另外,职业教育的技能训练、能力培养应结合工作实际进行,职业教育培养学生的能力不是单项的基本能力,是在职业岗位上解决实际问题的能力,所以它必须结合工作实际,才能正确训练、培养出综合能力。实行以职业知识、技能教育为内容,以能力培养为中心的教育体制。

根据职业教育的特点,职业教育中所使用的教材也应贯彻以"够用,实用"为原则。本套教材正是基于这一原则进行编写的,形式上要求言简意赅、通俗易懂,简单实用;内容上求简不求全,力求学用结合、立竿见影。

信息时代,不管是大学教授,还是工人、农民,掌握和运用计算机的基本操作技术是每一个人必备的技能。本书正是介绍计算机的最基本、最常用、最实用的操作技术。本书共分五章,第一章,初识计算机;第二章,Windows XP 入门;第三章,文档编辑;第四章,常用汉语输入法综述;第五章,电子商务。第一章和第二章由王学云编写,第三章、第四章和第五章由曹湖海编写。在编写过程中,曹卫星、王权等同志也为本书的编写做了大量工作。

本书适合作为职业技术教育教材使用,也可以作为各类计算机培训班的教程,还是计算机初学者的一本很好的参考读物。

书中的部分教辅材料或教学课件可在 http://www.sbsm2.com 网站上查询。

由于时间仓促,书中错漏之处难免,欢迎读者批评指正。

编　者
2006 年 7 月

目　　录

第一章 初识计算机

电子计算机技术是当代杰出科学技术成就之一,电子计算机已成为减轻人们体力劳动和脑力劳动的有效工具。电子计算机简称计算机,俗称电脑。目前,计算机正在向网络化、智能化、微型化发展。计算机的快速发展使我们的工作和生活越来越依赖于计算机,因此学习计算机的基础知识已经使我们现代人的必修课,本章首先介绍计算机的组成结构。

第一节 计算机的系统组成和基本结构

我们通常说的计算机,严格地说,都应称为计算机系统,并且它由计算机硬件系统和计算机软件系统两大子系统组成。计算机硬件是物理上存在的实体,是构成计算机的各种物质实体的总和。一个完整的硬件系统,必须包含五大功能部件,它们是:运算器、控制器、存储器、输入设备和输出设备。每个功能部件各司其职、协调工作,缺少了其中任何一个就不成其为计算机了。计算机软件系统是我们通常所说的程序,是计算机上全部可运行程序的总和。通常根据软件用途将其分为两大类:系统软件和应用软件。

未配备任何软件,仅由逻辑器组成的计算机叫做"裸机",在裸机上只能运行机器语言程序,这样的计算机效率极低,使用十分不便。没有软件支持,再好的硬件配置也是毫无价值的;反过来,没有硬件,软件再好也没有用武之地,只有两者互相配合,才能发挥作用。

综上所述,在计算机系统中,硬件是构成计算机系统的各种功能部件的集合,软件则是构成计算机系统的各种程序的集合。只有这两者密切地结合在一起,才能成为一个正常工作的计算机系统,才能正常地发挥作用,这两者缺一不可。

我们可以通过如图 1.1 来描述计算机基本系统的构成,目的是使读者在头脑中建立一个计算机系统的概念。下面分别讨论计算机的硬件系统和软件系统。

一、计算机硬件系统

电子计算机硬件系统由存储器、运算器、控制器、输入设备和输出设备等五个功能部件和沟通各部件之间信息传送的总线组成,其中存储器分为内存储器和外存储器两种。

这五个部件的关系图如图 1.2 所示,图中实箭头线"→"表示控制线(信号线),空心箭头线" ⟹ "表示数据线。由图 1.2 可知,计算机工作时由控制器控制,先将数据由输入设备传送到存储器存储,再由控制器将要参加运算的数据送往运算器处理,最后将计算机处理的信息由输出设备输出。

(一)运算器

运算器的功能是进行算术运算和逻辑运算。算术运算是指按算术运算规则进行运算,如加、减、乘、除等;逻辑运算泛指非算术运算,如比较、移位、布尔逻辑运算等。运算器

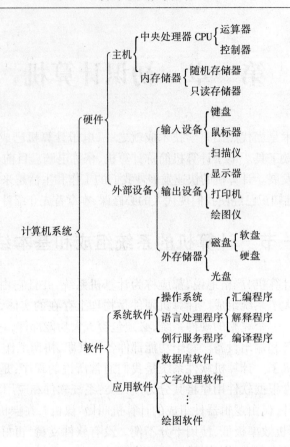

图1.1 计算机基本系统的构成

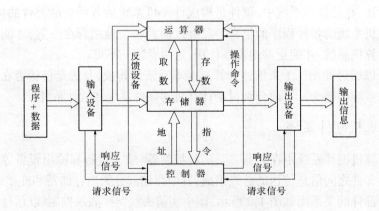

图1.2 计算机工作过程示意图

在控制器控制下,从内存中取出数据送到运算器中进行运算,运算后再把结果送回内存。

(二)控制器

控制器的功能是依次从内存中取出指令,产生控制信号,向其他部件发出命令,指挥整个计算过程。同时把数据地址发向有关部件，并根据各部件的反馈信号进行控制调整，是统一协调其他部件的中枢。

（三）存储器

存储器分为内存储器和外存储器。内存储器又称为主存储器，在控制器控制下，与运算器、输入/输出设备交换信息。一般用半导体电路作为存储元件，容量较小，但工作速度快。外存储器又称为辅助存储器，它是为弥补内存储器容量不足而设置的。在控制器控制下，它与内存成批交换数据。常用磁带磁盘等，其容量较大，但工作速度较慢。

（四）输入设备

输入设备是把数据和程序转换成电信号送入内存的部件。有键盘、鼠标、光电输入机、卡片输入机、软驱、光驱、扫描仪、数码照相机等。

（五）输出设备

输出设备是把计算结果转换成人们能识别的信息形式的部件。有显示器、打印机、音箱等。

随着计算机硬件技术的发展，将以上部分的组件集成在一起，并为之命名了专业术语，现介绍如下：

(1)中央处理器。运算器和控制器的合称，简称 CPU(Central Processing Unit 的缩写)。

(2)主机。CPU 和内存储器二者的合称。

(3)外部设备。包括输入设备和输出设备以及外存储器，简称外设。

(4)总线。连接计算机内各部件的一簇公共信号线，是计算机中传送的公共通道，其中传送地址的称为地址总线；传送数据的称为数据总线；传送控制信号的称为控制总线。

(5)接口。主机与外设相互连接部分。是外设与 CPU 进行数据交换的协调及转换电路。

综上所述，主机、外部设备都是物理上的实体，称为计算机硬件系统。

二、计算机软件系统

（一）软件系统的分类

计算机软件系统是指计算机上可运行的全部程序的总和。计算机软件是为了更有效地利用计算机为人类工作，发挥计算机的功能而设计的程序，它包括各种操作系统、编辑程序、各种语言、诊断程序、工具软件、应用软件等。软件通常分为两大类，即系统软件和应用软件。

（二）系统软件

系统软件是指计算机硬件系统为正常工作，而必须配备的部分软件。系统软件中最基本的是操作系统，操作系统是用户和裸机之间的接口，向用户提供了一个方便而强有力的使用环境。除操作系统外，还包括各种语言的预处理程序、标准程序库及系统维护软件等。

（三）应用软件

应用软件主要为用户提供在各个具体领域中的辅助功能，它也是绝大多数用户学习、使用计算机时最感兴趣的内容。

应用软件是针对某些程序应用领域的软件,如计算机辅助制造、计算机辅助设计、计算机教学、企业管理、数据库管理系统、字处理软件、桌面排版系统等。

应用软件具有很强的实用性,专门用于解决某个应用领域中的具体问题,因此它又具有很强的专用性。由于计算机应用的日益普及,各行各业、各个领域的应用软件起来越多。也是这些应用软件的不断开发和推广,更显示出计算机无比强大的威力和无限广阔的前景。

应用软件的内容很广泛,涉及到社会的许多领域,很难概括齐全,也很难确切地进行分类。

常见的应用软件有以下几种:

(1)各种信息管理软件;

(2)办公自动化系统;

(3)各种文字处理软件;

(4)各种辅助设计软件以及辅助教学软件;

(5)各种软件包,如数值计算程序库、图形软件包等。

第二节　微型计算机的硬件组成详述

一台微型计算机系统的硬件,宏观上可分为主机箱、显示器、键盘、鼠标、打印机等几个部分。主机箱内部装有电源、CPU、系统主板、软盘驱动器、光盘驱动器、硬盘等。下面分别介绍。

一、系统主板

系统主板是一块电路板,用来控制和驱动整个微型计算机,是微处理器与其他部件连接的桥梁,是微型计算机的核心部件。系统主板又称主板或母板。系统主板主要包括CPU插座、内存插槽、总线扩展槽、外设接口插座、串行和并行端口等几部分。

(一)CPU 插座

CPU 插座用来连接和固定 CPU。早期的 CPU 通过管脚与主板连接,奔腾 II 以后的 CPU 通过插卡与主板连接,因此主板上设计了相应的插槽。

(二)内存插槽

内存插槽用来连接和固定内存条。内存插槽通常有多个,可以根据需要插入不同数目的内存条。内存插槽有 30 线、72 线和 168 线几种,有些主板 72 线和 168 线的插槽并存。

(三)总线扩展槽

总线扩展槽用来插接外部设备,如显示卡、声卡、解压卡、调制解调器卡等。总线扩展槽有 ISA、EISA、VESA、PCI、AGP 等类型。它们的总线宽度越来越宽,传输速度越来越快。目前主板上主要留有 ISA、PCI 和 AGP 三种类型的扩展槽。

(四)外设接口插座

外设接口插座主要是连接硬盘、软盘驱动器和光盘驱动器的电缆插座,有 IDE、EIDE、

SCSI 等类型。目前主板上主要采用 IDE 类型。

（五）串行和并行端口

串行和并行端口用来与串行设备（如调制解调器、扫描仪）和并行设备（如打印机）通信，主板上通常留有两个串行端口和一个并行端口。

二、CPU

CPU 是微型计算机的心脏，微型计算机的处理功能是由 CPU 来完成的。CPU 的性能直接决定了微型计算机的性能。下面是 CPU 的几个参数。

（一）主频

主频是指 CPU 时钟的频率。主频越高，CPU 单位时间内完成的操作越多，运行速度将越快。主频的单位为 MHz、GHz。早期 CPU 的主频仅 4.77MHz，现在已超过 3.0GHz。

（二）内部数据总线

内部数据总线是 CPU 内部数据传输的通道。内部数据总线一次可传输二进制数据的位数越大，CPU 传输和处理数据的能力越强。

（三）外部数据总线

外部数据总线是 CPU 与外部数据传输的通道。外部数据总线一次可传输二进制数据的位数越大，CPU 与外部设备交换数据的能力越强。

（四）地址总线

地址总线是 CPU 访问内存时的数据传输通道。地址总线一次可传输二进制数据的位数越大，CPU 的物理地址空间越大。通常地址总线 n 位，CPU 的物理地址空间就是 2^n 字节。

三、内存储器

内存是用来存储运行的程序和数据的，CPU 可直接访问。微型计算机的内存制作成条状（故又称内存条），插在主板的内存插槽中。

内存有存储容量和存取速度两个主要指标。

（一）存储容量

存储容量反映了内存存储空间的大小。常见的内存条每条的容量有 32MB、64MB、128MB、256MB 等多种规格。一台微型计算机可根据需要同时插入多条内存条，总容量等于各内存条的容量之和。

（二）存取速度

存取速度指从存储单元中存取数据所用的时间，以纳秒（ns）为单位。内存的存取速度一般有 60ns、70ns、80ns 几种。纳秒数越小，存取越快。

四、外存储器

内存储器一般容量较小，要求计算机的功能日益强大就需要有强大的软件来支撑，这些软件就需要有存储器来存储，如果不断增加内存容量完全可以解决问题，但这不是最佳方案，最佳方案是将存储器分为内存储器和外存储器。上面已经介绍了内存储器，下面谈谈外存储器。外存储器包括：硬盘和硬盘驱动器、软盘和软盘驱动器、光盘和光盘驱动器，还有小巧玲珑的闪存盘。

(一)硬盘和硬盘驱动器

硬盘可分为固定硬盘和移动硬盘两种，我们通常所说的"硬盘"指的是固定硬盘。

1.固定硬盘(简称硬盘)

硬盘是微型计算机非常重要的外存储器。硬盘一般被固定在主机箱内，主机箱上有一指示灯，指示灯亮时，表示计算机正在存数据。主机箱剧烈震动或硬盘读写时突然断电都有可能损伤硬盘，使用时应特别注意。一般一台计算机都至少有一个硬盘，它由一个盘片组和硬盘驱动器组成，被固定在一个密封的盒内。硬盘的精密度高、存储容量大、存取速度快。除特殊需要外，一般的微型计算机都配有硬盘，有些配有多个硬盘。系统和用户的程序、数据等信息通常保存在硬盘上，处理时系统将其读到内存，需要保存时再保存到硬盘。

硬盘有以下几个主要指标：

(1)接口。硬盘接口是指硬盘与主板的接口。主板上的外设接口插座有 IDE、EIDE、SCSI 等型，硬盘接口也有这些类型。目前常用的硬盘接口大多为 EIDE。硬盘的接口不同，支持的硬盘容量不一样，传输速率也不一样。

(2)容量。硬盘容量是指硬盘能存储信息量的多少。早期的硬盘容量为几百 MB，现在的硬盘容量为几 GB。目前常见的硬盘容量有 40GB、80GB、100GB、120GB 等。硬盘容量越大，存储的信息越多。

(3)转速。硬盘转速是指硬盘内主轴的转动速度，单位是 r/min。目前常见的磁盘转速有 3 600r/min、5 400r/min、7 200r/min 等几种。转速越快，磁盘与内存之间的传输速率越高。

2.移动硬盘

为防止数据丢失，我们在平时就养成对重要数据进行备份的好习惯，把家庭重要的财务资料或个人资料复制并保存两套或两套以上进行备份。虽然说用于数据备份的介质有很多，如普通硬盘、软盘、光盘等都可以，但他们的使用都不是很方便。例如用普通硬盘需要开关机器和装卸硬盘以及进行一些参数的设置等，很麻烦；用软盘的话，小容量的文件还行，要是有 100MB 的家庭像册需要备份，那就需要 80 张软盘，且软盘还极容易损坏；而用光盘，则需要额外的添置一个 CD - RW，并且以后的检索和保存也不是很方便。

移动硬盘顾名思义是以硬盘为存储介质，强调便携性的存储产品。可随身携带，与任何计算机都能连接，进行文件的复制、转移等都非常方便，故越来越受到人们的青睐。目前市场上绝大多数的移动硬盘都是以标准硬盘为基础的，采用硬盘为存储介质，因此移动硬盘在数据的读写模式上与标准 IDE 硬盘是相同的。移动硬盘多采用 USB、IEEE1394 等传输速度较快的接口，可以较高的速度与系统进行数据传输。

移动硬盘最大的一个特点就是它方便使用。它完全支持 USB 标准，提供带电热插拔，无须关机，即插即用，这自然给很多计算机应用水平不太高的家庭用户省去了不少麻烦。同时它的全面免安装驱动设计也是方便使用的一个特点，只要把它的 USB 线缆与家里计算机的 USB 接口一接就行，计算机会自动认出硬盘并显示一个移动硬盘的盘符，不用进行设置，直接可以进行操作，这种近似于"傻瓜"式的使用，自然更方便，更随意。移动硬盘的容量大,可达 80GB 甚至更高。

(二)软盘与软盘驱动器

软盘是计算机早期常用的外存储器之一。它是将一个镀有磁化材料的圆环状塑料薄片封在一护套内而成。信息以同心圆一圈圈地存储在磁化材料上,这些同心圆被称做磁道。每一磁道又分若干段,称做扇区。软盘的第一磁道在同心圆的最外圈。

软盘按其盘片的直径,分为 5.25 英寸和 3.5 英寸软盘;按其盘片两面是否都能存储信息,分为单面盘和双面盘;按其每面划分的磁道数及每道上扇区数的多少,又可分为单密度盘、双密度盘和高密度盘。现在使用的软盘几乎都是 3.5 英寸双面高密度盘,其容量是 1.44MB。

软盘驱动器是用来读写软盘上信息的机电装置。软盘的盘片在软驱内旋转,软驱的磁头从旋转的盘片上读出或写入信息。软驱也分为 5.25 英寸和 3.5 英寸两种,同时也有低密度和高密度之分。高密度软驱既可读写高密度软盘,也可读写低密度软盘,而低密度软驱只能读写低密度软盘。现在计算机上使用的基本上都是 3.5 英寸高密度软驱。

软盘容量小,且需要软盘驱动器才能工作,软盘驱动器又容易摔坏,故软盘存储器现在已被叫做 U 盘的存储器所完全取代。

(三)光盘与光盘驱动器

光盘是利用塑料基片的凹凸来记录信息的。光盘主要有只读光盘(CD-ROM)、一次写入光盘(CD-R)和可擦写光盘(CD-RW)三类。目前计算机系统中使用最广泛的是只读光盘和一次写入光盘。只读光盘只能读出信息而不能写入信息,光盘上的信息是制造时写入的,其存储容量约为 650MB,一般是软件商大批量生产、销售,用户购买后,可在计算机上读取。一次写入光盘是通过刻录机进行写入,可用于文件的备份、转录等。

光盘中的信息是通过光盘驱动器来读取的。最初的光驱的数据传输速率是 150 kbit/s,现在的光驱的数据传输速率一般都是这个速率的整数倍,称为倍数,如 32 倍速光驱、40 倍速光驱、48 倍速光驱等。在多媒体计算机中,光驱已成为基本配置。

(四)闪存盘(俗称 U 盘)

U 盘(也称优盘、闪盘)是一种可移动的外存储器,具有容量大、读写速度快、体积小、携带方便、价格便宜等特点,是软盘的替代品。只要插入任何计算机的 USB 接口都可以使用。目前 U 盘的存储容量一般为几百兆,最高可达 1G,相当于数百片 1.44MB 软盘的容量。闪存盘体积很小,仅大拇指般大小,重量极轻,一般在 15g 左右,特别适合随身携带。闪存盘中无任何机械式装置,抗震性能极强。另外,闪存盘还具有防潮防磁、耐高温和耐低温等特性,安全可靠性很好。各种数字化内容,从照片、计算机数据、音乐到动态图像都可以通过 U 盘实现移动存储。

五、输入设备

键盘和鼠标器是计算机中传统的也是必备的输入设备,扫描仪、数码照相机等是新型的也是代表输入技术发展方向的输入设备。

(一)键盘

键盘是实现人、机对话的必要工具,人们可以通过键盘上的键来输入命令或数据。也是目前汉字输入所必需的输入设备,因此我们将在本章第四节专门介绍键盘的结构和使用。

(二)鼠标器

随着 Windows 操作系统的广泛应用,鼠标器成为计算机必不可少的输入设备。通过点击或拖拉鼠标器,用户可以很方便地对计算机进行操作。鼠标器按工作原理可分为机械式和光电式两大类。

1. 机械式鼠标器

机械式鼠标器的底部有一个滚球,当鼠标器移动时,滚球随之滚动,产生移动信息给 CPU。机械式鼠标器价格便宜,使用时无需其他辅助设备,只需在光滑平整的桌面上即可进行操作。其缺点是定位不如光电式鼠标器准确,易磨损,易出现光标跳动现象。

2. 光电式鼠标器

光电式鼠标器的底部有两个发光二极管,当鼠标器移动时,发出的光被下面的平板反射,产生移动信息给 CPU。光电式鼠标器的定位精确度高,但价格较贵。

(三)扫描仪

扫描仪是一种光电输入设备,是将一张图片或者一张文稿通过光电扫描的方式,把光信息转换成电信号,并经处理后送入计算机系统。

扫描仪有手持式和平板式两种。手持式扫描宽度小适用于照片和条形码的输入,其特点是体积小巧,操作方便,缺点是扫描精度不高。平板式扫描仪扫描幅度大(A3 幅面)、扫描精度高,适用于彩色图片的扫描输入,但其体积较大。

(四)数码照相机

数码照相机是一种真正意义上的非胶片照相机,它采用 CCD(Charge Coupling Device)或 CMOS(Complementary Metal-Oxide Semiconductor)作为光电转换器件,将被摄景物以数字信号方式记录在存储介质中。并能通过接口直接把这些照片信号输送到计算机中,在适当的软件支持下,从计算机屏幕上显示出来,并可根据需要对其进行放大、修饰处理。处理完毕后可以用彩色打印机打印出来,还可以在网上传送、复制、粘贴等。现在数码照相机已成为一种非常时尚的计算机图像输入设备。

六、输出设备

(一)显示器与显示卡

1. 显示器

显示器用来显示字符或图形信息,是微型计算机必不可少的输出设备。显示器要有一块插在主机板上的显示适配卡与之配套使用,构成显示系统。微型计算机的显示器按照颜色来分一般有两种:单色显示器和彩色显示器。单色显示器只显示黑/白或黑/绿颜色,彩色显示器显示的彩色图像且其颜色数取决于显示卡。按照显示器的原理又可分为阴极射线管显示器和液晶显示器。

显示器有以下几个主要指标:

(1)尺寸。显示器的尺寸即显示器的大小。目前显示器的尺寸有 14 英寸、15 英寸、17 英寸、19 英寸、21 英寸等规格。尺寸越大,支持的分辨率往往也越高,显示效果也越好。

(2)分辨率。显示器的分辨率是指显示器的一屏能显示的像素数目。目前低档显示器,分辨率为 640×480,中档为 800×600,高档的为 1 024×768、1 280×1 024 或更高。分辨率越高,显示的图像越细腻。

(3)点距。显示器的点距是指显示器上两个像素之间的跳高。目前显示器常见的点距有 0.28mm 和 0.26mm 两种。点距越小,显示器的分辨率越高。在图形、图像处理等应用中,一般要求点距较小的显示器。

(4)扫描方式。显示器的扫描方式分为逐行扫描和隔行扫描两种。逐行扫描是指在显示一屏内容时,逐行扫描屏幕上的每一个像素。逐行扫描的显示器,显示的图像稳定、清晰度高、效果好。

(5)刷新频率。显示器的刷新频率是指 1 秒钟刷新屏幕的次数。目前显示器常见的刷新频率有 60Hz、75Hz、100Hz 几种。刷新频率越高,刷新一次所用的时间越短,显示的图像越稳定。

2. 显示卡

显示卡是主机与显示器之间的接口电路。显示卡直接插在系统主板的总线扩展槽上,它的主要功能是将要显示的字符或图形的内码转换成图形点阵,并与同步信息形成视频信号输出给显示器。有的主板也将视频接口电路直接做在主板上。

显示卡有 MDA 卡、CGA 卡、VGA 卡、SVGA 卡和 AGP 卡等多种型号。目前微型计算机上常用的显示卡基本上是 AGP 卡。

衡量显示卡性能的重要指标是色彩数、图形分辨率和显示内存容量。

(1)色彩数。色彩数是指显示卡能支持的最多的颜色数,显示卡的色彩数一般有64K、16M、4G 等几种。对于 16M 色彩数的显示卡,每一个像素都需要用 24b 数据表示。

(2)图形分辨率。图形分辨率是指显示卡能支持的最大的水平像素数和垂直像素数。AGP 卡的图形分辨率至少是 800×600、1 024×768、1 280×1 024 等多种规格。

(3)显示内存容量。显示内存容量是指在显示卡上配置的显示内存的大小,一般有16MB、32MB、64MB 等不同规格。显示内存容量影响显示卡的色彩数和图形分辨率,要达到 16 种颜色、1 024×768 分辨率的显示效果,需要的显示内存至少为 2 294KB。

(二)打印机

打印机将信息输出到打印纸上,以便长期保存。打印机按打印的色彩来分可分为单色打印机和彩色打印机,按原理又可分为针式打印机、喷墨打印机和激光打印机三类。

1. 针式打印机

针式打印机是在打印时,打印头上的钢针撞击色带,将字印在打印纸上。针式打印机常见的有 9 针和 24 针打印机,目前最常用的是 24 针打印机,所谓 24 针打印机就是打印头上有 24 根钢针,通常排成两排。

2. 喷墨打印机

喷墨打印机工作时打印机的喷头喷出墨汁,将字印在打印纸上。由于喷墨打印机是非击打式,所以工作时声音较小。

3. 激光打印机

激光打印机是采用激光和电子放电技术,通过静电潜像,然后再用碳粉把潜像变成粉像,经加热后碳粉固定,最后显示出打印内容。激光打印机噪音低,打印效果好,打印速度快,但打印成本较高。

第三节　计算机的开机和关机

同任何电器一样,计算机也有开机和关机之说。但由于计算机开机和关机过程要复杂得多,并且要遵循一定的程序,从机器接通电源到其做好各种准备工作要经过各种测试及一系列的初始化,当然这个工作主要是由计算机来做,人们只需简单操作就可以了。

由于启动过程性质不同,启动过程又被分为冷启动和热启动。

一、冷启动

冷启动是指机器尚未加电情况下的启动,如磁盘操作系统已装入硬盘,则操作步骤为:

(1)接好电源;

(2)打开监视器;

(3)接通主机电源。

接通主机电源机器就开始启动,系统首先对内存自动测试,屏幕左上角不停地显示已测试的内存量。接着启动硬盘驱动器,机器自动显示提示信息。

如果用户未安装 Windows,则系统启动后直接进入 DOS 操作系统,并显示 DOS 提示符。如果已安装了 Windows,则系统将直接进入 Windows 系统。

二、复位启动

该启动过程类似于冷启动。一般说来,为避免开关反复开关主机而影响机器工作寿命,在热启动无效的情况下,可先用复位启动方式。启动方法是用手按一下机箱面板上的复位按钮即可。

注意:大多数的名牌计算机已不设复位按钮。

三、热启动

所谓热启动是指机器在已加电情况下的启动。通常是在机器运行中异常停机,或死锁于某一状态中时使用。操作方法就是用两手指按住 Ctrl 与 Alt 键不松开,再按下 Del 键,然后同时抬起三个手指,机器便重新启动。该启动过程在以上介绍的几种启动方式中最为迅速,因为热启动过程省去了一些硬件测试及内存测试。但是,当某些严重错误使得热启动无效时,只有选用冷启动或复位启动。

如果用户正在 Windows98 中操作,则按下 Ctrl + Alt + Del 组合键后,系统将给出一提示,询问是否确实要重新启动计算机。如果是,可再次按下 Ctrl + Alt + Del 组合键。

四、关机

关机时就更简单了,只要按下主机箱上的"POWER"键即可。但须记住的是:一定要先退出所有的运行程序后才能关机。如果是在 Windows 操作系统下,其关机一定要按以下顺序进行:先关闭所有的运行程序,然后用鼠标左键点击屏幕左下角的"开始"按钮,在其弹出的菜单中选择"关闭系统"后点击鼠标左键,在随后弹出的对话框中选择"关闭计算机"选项,最后用鼠标点击其上标有"是"的按钮。稍后,屏幕上会出现"现在您可以安全地关闭计算机了"字样,计算机将自动关闭主机电源,或者这时您可以直接按下主机箱上的"POWER"按钮就可安全地关闭计算机了。

第四节　计算机键盘知识与指法训练

计算机键盘是汉字输入的主要工具,必备工具。因此,熟练掌握和使用计算机键盘是汉字输入的基本技能。下面就计算机键盘的有关知识和指法训练作一介绍。

一、键盘的基本结构和原理

计算机键盘实际上就是一组排列成矩阵式的按键开关组成。每个按键下面排列分布着一组断开的导线,按下按键,就将这些导线接通,就是我们常说的"通"的状态或者说是"开"的状态。当松开键时,这个键在弹力作用下就又回到原来的状态,即"断"的状态或者说是"关"的状态。点击计算机键盘上的键,实际上就是"通"与"断"、"开"与"关"这两种状态,用数字表示就是"1"和"0",如图 1.3 所示。

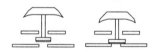

图 1.3　按键开关结构示意图

键盘上的各个键的构造和功能基本上是完全一样的,只是其下面的导线有不同的连接,计算机每时每刻都在对其行和列进行扫描,观察每个键的动作,当发现其一键被按下时,计算机就将这个信号接收下来,并用软件的方式,赋予它一个功能,让它表示一个信息。例如在英文输入状态下,按下"A"键,计算机屏幕上的页面中就会出现一个"a"字,而在汉语输入状态下,按下"A"键,就不会在屏幕页面中出现一个"a"字,而在输入法窗口上出现一个"a",当再按一下空格键,就会有一个汉字(简码)出现在屏幕的页面中。例如,在神笔数码输入法状态下,点击一次"H"键,再按一下空格键,就会在计算机屏幕上的页面中出现一个"和"字。

二、键盘的布局结构

计算机键盘来自于普通的英文打字机键盘,但又比普通的英文打字机丰富得多,除了英文字母、数字等键以外,还有功能键,控制键等。键盘是当前使用最广泛的计算机输入设备,是用户操作和控制计算机的主要工具(见图 1.4)。本节将主要介绍键盘的基础知识。

图 1.4　常见的键盘键位分布图

目前的计算机 101 型键盘根据各键位的功能可划分为四个区域：打字键区，功能键区，光标/控制键区，数字键区。

（一）打字键区

打字键区是键盘的主要区域，位于键盘的中央偏左的大片区域。该区内包括英文字母键、数字键、符号键以及一些控制键，是进行文字输入和指令输入的主要区域。主要键的功能如下：

字母键　A ~ Z，用于输入英文字母和汉字编码。

数字键　0 ~ 9，用于输入阿拉伯数字和汉字编码。

符号键　有 +、−、*、/、% 等符号键，有些符号与数字键在同一个键位上。

空格键　位于打字键区的最下端，用于在指令或文本中输入空格。

【Ctrl】　控制键，这个键总是与其他键同时使用以实现各种功能，这些功能在操作系统中或其他应用程序中进行定义的。

【Alt】　它总是与其他键同时使用，以进行各种输入。

【Tab】　跳格键，这个键用来将光标右移下一个跳格位置。同时按下 Shift 键和 Tab 键时，将把光标左移到前一个跳格位置。跳格位置总是被设为 8 个字符，除非另作改变。

【Enter】　命令执行键。当用户向计算机输入了指令后，需要按此键计算机才开始执行这条指令。该键又称为回车键，当输入信息和资料时，按此键，可使屏幕上的光标移动到下一行的行首。

【Shift】　大小写转换键。一般情况下用户在键盘上输入字母时，系统默认的是小写英文字母，如果按下 Shift 键的同时，再按字母键，则输入该字母的大写。

该键的另一个功能是可以输入字符键上的上档字符，故又称为上档键。例如按下 Shift 键的同时，按数字键"8"，可输入该键上档的符号"＊"。

【Back Space】　退格键。其功能是按一次该键，系统将删除光标左边的一个字符并使光标向左退一格的位置。该键一般用于文本编辑过程中的字符删除。

【Caps Lock】　大写字母锁定键。按下此键后，系统将进入大写字母输入状态。

（二）功能键区

在打字键区的上部，共设置了 ESC 和 F1 ~ F12 等 13 个功能键。功能键可以把一系列复杂的操作利用一个键代替。功能键在不同的软件环境下有不同的功能，具体功能要参考相应的软件说明。

（三）光标/控制键区

光标/控制键区位于键盘上打字键区的右中侧。各键的功能如下：

→ 　　每按一次该键,光标向右移动一个字符的位置。

← 　　每按一次该键,光标向左移动一个字符的位置。

↑ 　　每按一次该键,光标在同列向上移动一行的位置。

↓ 　　每按一次该键,光标在同列向下移动一行的位置。

【Insert】 插入/改写状态转换键。

【Delete】 删除键。每按一次该键,系统将删除光标所在的一个字符。

【Home】 每按一次该键,光标快速移动到本字符行的行首。

【End】 每按一次该键,光标快速移动到本字符行的行尾。

【PgUp】 每按一次该键,可使屏幕上的内容向上翻动一页。

【PgDn】 每按一次该键,可使屏幕上的内容向下翻动一页。

【Print Screen】 拷屏键。按该键,可以使计算机复制打印当前屏幕上的内容。

【Pause】 暂停键。可使正在滚动的屏幕显示暂停下来,再按任意键后恢复滚动。

（四）数字键区（数字小键盘区）

该键区上布置了 0~9 数字和一些功能键,用于快速地进行数字输入。或用于汉字编码输入,神笔数码汉字输入系统中用于挂接数字编码输入法。

这些键受数字锁定键 Numlock 的控制。按下 Numlock 键,键盘右上角指示灯亮,此时为数字状态。这时键的功能为输入数字和运算符号。当再按一下 Numlock 键,指示灯灭。这时为光标控制状态。其功能与单独的光标控制键相同,只是有此键的标识用了缩写形式。

三、键位与手指的对应关系

为了充分发挥双手十指的作用,以达到合理快速输入的目的,每个手指在键盘上都有各自的分工。键位与手指的对应关系如图 1.5 所示。

图 1.5　键位与手指的对应关系图

各键位和手指的对应关系明确地规定了各手指的击键范围,即不同的手指只能敲击所规定的键位。这样的输入规则,我们可以简单地归纳为"分片包干、互不支援"。

我们把在键盘上的字母键中 A、S、D、F 和 J、K、L、;等 8 个键位定义为基准键。基准键所在的排为基本排,其上下两排分别称为上排和下排,数字键所在的那一排为数字键排。

四、指法

键盘输入是我们进行计算机操作的基础,掌握正确的输入方法可以有效地提高计算机的操作效率。因此,我们必须在一开始就要按照操作要领严格要求,认真练习,养成一个良好的习惯,否则,一旦养成不良习惯,就很难改正。

(一)正确的姿态

初学者在学习键盘输入时,首先必须注意击键的姿势,如果初学时姿势不当,就不能做到准确、快速的输入,操作时也容易疲劳。正确的击键姿势包括以下几个方面:

坐态　操作人员平坐在椅子上,腰挺直,双脚自然地放在地上,身体微向前倾。

手型　手指分开略弯曲,自然下垂,手腕轻轻悬起,手指轻放在基准键位上,指端的第一关节与键盘呈垂直角度,两手拇指自然地放在空格键上。

肘　两肘轻轻贴在腋下。

这种正确的输入姿态,我们可以简单的归纳为"六个要",即:腰要直,脚要实,指要分,关(节)要弯,腕要悬,肘要夹。

(二)正确的指法

1. 基准键及手指备位置

基准键的含义就是这些键是英文字母中的基本键位,也可以将它们看成是指示其他键位的参照键。基准键排放在字母键盘的中间一行,使用者做好正确的输入姿态后,两手的手指将自然地放在这 8 个基准键上(即左手放在 a、s、d 和 f 键上,右手放在 j、k、l 和 ;键上,拇指放在空格键上)。

2. 非基准键及手指的基准位置

在进行汉字输入或英文输入时,各个手指需要在各自管辖的范围内不断地移动,敲击所需要输入的键位(包括字母键、数字键以及各种符号键),在这种情况下,人们总结出了一个基本规则,即手指一般要求放在基准键上方,只有需要敲击非基准键(除了基准键以外的其他键都可以称为非基准键)时,才离开基准键斜向的上下移动击键,击完后再自动回到基准键位上。

这样的输入规则,我们可以简单的归纳为"分片包干、互不支援、斜向移动、击完就回"。

(三)击键要领

一般的要求是:用手指稳、准、快、轻地敲击键位的中部;轻重均匀,节奏一致;手指不要过于僵硬,应保持轻松的气氛。

(四)快速输入的特别要求

(1)眼睛完全不看键盘,用手摸着打,即所谓的盲打。一开始可能会打错,而纠正只能靠触觉去纠正,不能用眼睛看。

　　(2)严格的要求是:击键(非基准键)后不是回到基本键位上面,而是回到基本键位的上方。这就是所谓的凌空手法。

　　凌空手法最重要的优点是,省去了手指回到基本键位后又离开基本键位的时间,使打字速度明显加快,大有益处。对初学者来说,应加大练习量,仔细体会手如何才能处于基本键的上方,养成一个良好的习惯。

第二章　Windows XP 入门

　　自从个人计算机问世之日起,人们一直在追求性能强大、工作稳定、简单易用的操作系统。微软公司的 Windows 产品无疑就是其中的佼佼者。通过十几年的不断开发和升级,Windows 已经在桌面操作系统占领了 90% 以上的份额,其应用最广泛的新版本就是 Windows XP。

第一节　Windows XP 简介

一、中文版 Windows XP 简介

　　众所周知,MS-DOS 是微软公司推出的第一个极其成功的计算机操作系统。随后,微软公司着重发展可视化的操作系统,即 Windows 系列产品。这一系列产品具有一个共同的特点,即拥有视窗式的图形界面,操作简单,易学易用。

　　中文版 Windows XP 采用的是 Windows NT/2000 的核心技术,运行非常可靠、稳定而且快速,为用户的计算机的安全正常高效运行提供了保障。

　　中文版 Windows XP 不但使用更加成熟的技术,而且外观设计也焕然一新,桌面风格清新明快、优雅大方,用鲜艳的色彩取代以往版本的灰色基调,使用户有良好的视觉享受。

二、Windows XP 桌面

　　"桌面"就是在安装好中文版 Windows XP 后,用户启动计算机登录到系统后看到的整个屏幕界面,用户可以有效地管理自己的计算机。

(一)桌面图标

　　当用户安装好中文版 Windows XP 第一次登录系统后,可以看到一个非常简洁的画面,在桌面的右下角只有一个回收站的图标,并标明了 Windows XP 的标志及版本号,如图2.1 所示。

　　如果用户想恢复系统默认的图标,可执行下列操作:

　　(1)右击桌面,在弹出的快捷菜单中选择"属性"命令。

　　(2)在打开的"显示属性"对话框中选择"桌面"选项卡。

　　(3)单击"自定义"按钮,这时会打开"桌面项目"对话框。

　　(4)在"桌面图标"选项组中选中"我的电脑"、"网上邻居"等复选框,单击"确定"按钮返回到"显示属性"对话框中。

　　(5)单击"应用"按钮,然后关闭该对话框,这时用户就可以看到系统默认的图标。

1. 桌面上的图标说明

　　"图标"是指在桌面上排列的小图像,它包含图形、说明文字两部分。双击图标就可以

图 2.1 系统默认的桌面

打开相应的内容。

• "我的文档"图标:它用于管理"我的文档"下的文件和文件夹,可以保存信件、报告和其他文档,它是系统默认的文档保存位置。

• "我的电脑"图标:用户通过该图标可以实现对计算机硬盘驱动器、文件夹和文件的管理,在其中用户可以访问连接到计算机的硬盘驱动器、照相机、扫描仪和其他硬件以及有关信息。

• "网上邻居"图标:该项中提供了网络上其他计算机上文件夹和文件访问以及有关信息,在双击展开的窗口中用户可以进行查看工作组中的计算机、查看网络位置及添加网络位置等工作。

• "回收站"图标:在回收站中暂时存放着用户已经删除的文件或文件夹等一些信息,当用户还没有清空回收站时,可以从中还原删除的文件或文件夹。

• "Internet Explorer"图标:用于浏览互联网上的信息,通过双击该图标可以访问网络资源。

2.创建桌面图标

桌面上的图标实质上就是打开各种程序和文件的快捷方式,用户可以在桌面上创建自己经常使用的程序或文件的图标,这样使用时直接在桌面上双击即可快速启动该项目。

创建桌面图标可执行下列操作:

(1)右击桌面上的空白处,在弹出的快捷菜单中选择"新建"命令。

(2)利用"新建"命令下的子菜单,用户可以创建各种形式的图标,比如文件夹、快捷方式、文本文档等(见图2.2)。

(3)当用户选择了所要创建的选项后,在桌面会出现相应的图标,用户可以为它命名,以便于识别。

3.图标的排列

当用户在桌面上创建了多个图标时,如果不进行排列,会显得非常凌乱,这样不利于

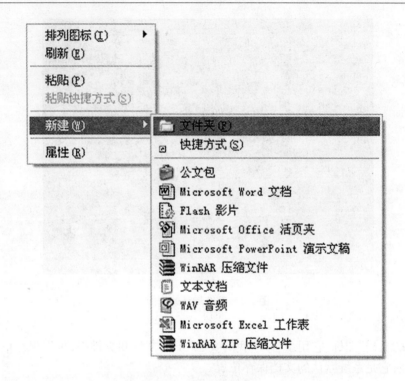

图 2.2 "新建"命令

用户选择所需要的项目,而且影响视觉效果。使用排列图标命令,可以使用户的桌面看上去整洁而富有条理。

　　用户需要对桌面上的图标进行位置调整时,可在桌面上的空白处右击,在弹出的快捷菜单中选择"排列图标"命令,在子菜单项中包含了多种排列方式,如图 2.3 所示。

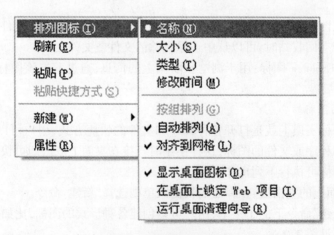

图 2.3 "排列图标"命令

• 名称:按图标名称开头的字母或拼音顺序排列。
• 大小:按图标所代表文件的大小的顺序来排列。
• 类型:按图标所代表的文件的类型来排列。

•修改时间:按图标所代表文件的最后一次修改时间来排列。

当用户选择"排列图标"子菜单其中几项后,在其旁边出现"√"标志,说明该选项被选中,再次选择这个命令后,"√"标志消失,即表明取消了此选项。

如果用户选择了"自动排列"命令,在对图标进行移动时会出现一个选定标志,这时只能在固定的位置将各图标进行位置的互换,而不能拖动图标到桌面上任意位置。

当选择了"对齐到网格"命令后,如果调整图标的位置时,它们总是成行成列地排列,也不能移动到桌面上任意位置。

选择"在桌面上锁定 Web 项目"可以使用活动的 Web 页变为静止的图画。

当用户取消了"显示桌面图标"命令前的"√"标志后,桌面上将不显示任何图标。

4．图标的重命名与删除

若要给图标重新命名,可执行下列操作:

(1)在该图标上右击。

(2)在弹出的快捷菜单中选择"重命名"命令,如图 2.4 所示。

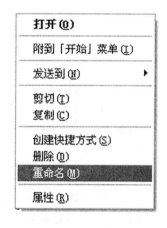

(3)当图标的文字说明位置呈反色显示时,用户可以输入新名称,然后在桌面上任意位置单击,即可完成对图标的重命名。

桌面的图标失去使用的价值时,就需要删掉。同样,在所需要删除的图标上右击,在弹出的快捷菜单中执行"删除"命令。

用户也可以在桌面上选中该图标,然后在键盘上按下"Delete"键直接删除。

图 2.4　"重命名"命令

当选择删除命令后,系统会弹出一个对话框询问用户是否确实要删除所选内容并移入回收站。用户单击"是",删除生效,单击"否"或者是单击对话框的关闭按钮,此次操作取消。

(二)显示属性

在中文版 Windows XP 系统中为用户提供了设置个性化桌面的空间,系统自带了许多精美的图片,用户可以将它们设置为墙纸;通过显示属性的设置,用户还可以改变桌面的外观,或选择屏幕保护程序,还可以为背景加上声音,通过这些设置,可以使用户的桌面更加赏心悦目。

在进行显示属性设置时,可以在桌面上的空白处右击,在弹出的快捷菜单中选择"属性"命令,这时会出现"显示属性"对话框,在其中包含了五个选项卡,用户可以在各选项卡中进行个性化设置。

(1)在"主题"选项卡中用户可以为背景加一组声音,在"主题"选项中单击向下的箭头,在弹出的下拉列表框中有多种选项。

(2)在"桌面"选项卡中用户可以设置自己的桌面背景,在"背景"列表框中,提供了多种风格的图片,可根据自己的喜好来选择,也可以通过浏览的方式从已保存的文件中调入自己喜爱的图片,如图 2.5 所示。

图 2.5　"桌面"选项卡

(3)当用户暂时不对计算机进行任何操作时,可以使用"屏幕保护程序"将显示屏幕屏蔽掉,这样可以节省电能,有效地保护显示器,并且防止其他人在计算机上进行任意的操作,从而保证数据的安全。

选择"屏幕保护程序"选项卡,在"屏幕保护程序"下拉列表框中提供了各种静止和活动的样式,当用户选择了一种活动的程序后,如果对系统默认的参数不满意,可以根据自己的喜爱来进一步设置。

如果用户要调整监视器的电源设置来节省电能,单击"电源"按钮,可打开"电源选项属性"对话框,可以在其中制定适合自己的节能方案。

(4)在"外观"选项卡中,用户可以改变窗口和按钮的样式,系统提供了三种色彩方案:橄榄绿、蓝色和银色,默认的是蓝色,在"字体"下拉列表框中可以改变标题栏上字体显示的大小。

用户单击"效果"按钮就可以打开"效果"对话框,在这个对话框中可以为菜单和工具提示使用过渡效果,可以使屏幕字体的边缘更平滑,尤其是对于液晶显示器的用户来说,使用这项功能,可以大大地增加屏幕显示的清晰度。

除此之外,用户还可以使用大图标、在菜单下设置阴影显示等。

(5)显示器高清晰显示的画面,不仅有利于用户观察,而且会很好地保护视力,特别是对于一些专业从事图形图像处理的用户来说,对显示屏幕分辨率的要求是很高的。在"显示属性"对话框中切换到"设置"选项卡,可以在其中对高级显示属性进行设置,如图 2.6 所示。

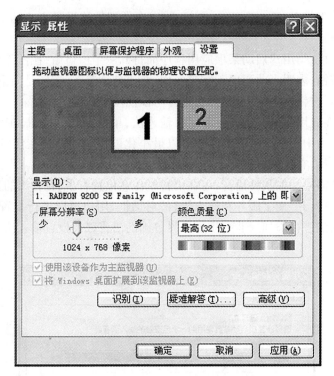

图 2.6　"设置"选项卡

在"屏幕分辨率"选项中,用户可以拖动小滑块来调整其分辨率,分辨率越高,在屏幕上显示的信息越多,画面就越逼真。在"颜色质量"下拉列表框中有:中(16位)、高(24位)和最高(32位)三种选择。显卡所支持的颜色质量位数越高,显示画面的质量越好。用户在进行调整时,要注意自己的显卡配置是否支持高分辨率,如果盲目调整,则会导致系统无法正常运行。

三、了解任务栏

任务栏是位于桌面最下方的一个小长条,它显示了系统正在运行的程序和打开的窗口、当前时间等内容。用户通过任务栏可以完成许多操作,而且也可以对它进行一系列的设置。

(一)任务栏的组成

任务栏可分为"开始"菜单按钮、快速启动工具栏、窗口按钮栏和通知区域等几部分,如图 2.7 所示。

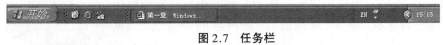

图 2.7　任务栏

· "开始"菜单按钮:单击此按钮,可以打开"开始"菜单,在用户操作过程中,要用它打开大多数的应用程序。

· 快速启动工具栏:它由一些小型的按钮组成,单击可以快速启动程序,一般情况下,它包括网上浏览工具 Internet Explorer 图标、收发电子邮件的程序 Outlook Express 图标和显示桌面图标等。

• 窗口按钮栏:当用户启动某项应用程序而打开一个窗口后,在任务栏上会出现相应的有立体感的按钮,表明当前程序正在被使用,在正常情况下,按钮是向下凹陷的,而把程序窗口最小化后,按钮则是向上凸起的,这样可以使用户观察更方便。

• 语言栏:在此用户可以选择各种语言输入法,单击" EN "按钮,在弹出的菜单中进行选择可以切换为中文输入法。语言栏可以最小化以按钮的形式在任务栏显示,单击右上角的还原小按钮,它也可以独立于任务栏之外。

如果用户还需要添加某种语言,可在语言栏任意位置右击,在弹出的快捷菜单中选择"设置"命令,即可打开"文字服务和输入语言"对话框,用户可以进行设置默认输入语言,对已安装的输入法进行添加、删除,添加世界各国的语言以及设置输入法切换的快捷键等操作(见图 2.8)。

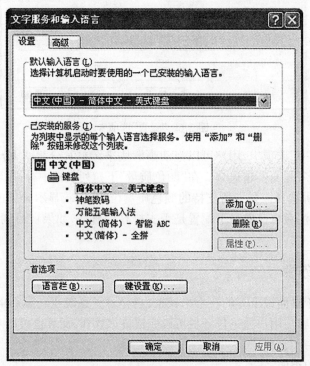

图 2.8　"文字服务和输入语言"对话框

• 音量控制器:即桌面上小喇叭形状的按钮,单击它后会出现一个音量控制对话框,用户可以通过拖动上面的小滑块来调整扬声器的音量,当选择"静音"复选框后,扬声器的声音消失(见图 2.9)。

当用户双击音量控制器按钮或者右击该按钮,在弹出的快捷菜单中选择"打开音量控制"命令,可以打开"音量控制"窗口,用户可以调整音量控制、波形、软件合成器等各项内容(见图 2.10)。

图 2.9　音量按钮器

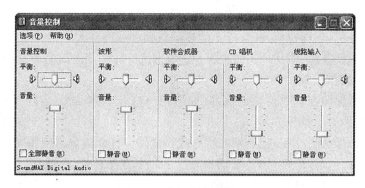

图 2.10　"音量控制"窗口

　　当用户右击音量控制器按钮,在弹出的快捷菜单中执行"调整音频属性"命令,打开"声音和音频设备属性"对话框,在其中显示了有关音频设备的信息,也可以做音频的进一步调整。

　　• 日期指示器:在任务栏的最右侧,显示了当前的时间,把鼠标在上面停留片刻,会出现当前的日期,双击后打开"日期和时间属性"对话框,在"时间和日期"选项卡中,用户可以完成时间和日期的校对,在"时区"选项卡中,用户可以进行时区的设置,而使用与 Internet 时间同步可以使本机上的时间与互联网上的时间保持一致。

（二）自定义任务栏

1. 任务栏的属性

　　系统默认的任务栏位于桌面的最下方,用户可以根据自己的需要把它拖到桌面的任何边缘处及改变任务栏的宽度,通过改变任务栏的属性,还可以让它自动隐藏。

　　用户在任务栏上的非按钮区域右击,在弹出的快捷菜单中选择"属性"命令,即可打开"任务栏和开始菜单属性"对话框(见图 2.11)。

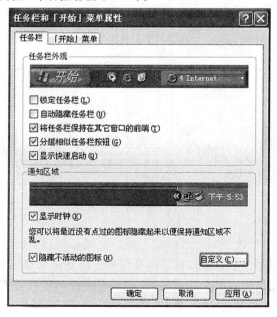

图 2.11　"任务栏和开始菜单属性"对话框

在"任务栏外观"选项组中,用户可以通过对复选框的选择来设置任务栏的外观。

· 锁定任务栏:当锁定后,任务栏不能被随意移动或改变大小。

· 自动隐藏任务栏:当用户不对任务栏进行操作时,它将自动消失,当用户需要使用时,可以把鼠标放在任务栏位置,它会自动出现。

· 将任务栏保持在其它窗口的前端:如果用户打开很多的窗口,任务栏总是在最前端,而不会被其他窗口盖住。

· 分组相似任务栏按钮:把相同的程序或相似的文件归类分组使用同一个按钮,这样不至于在用户打开很多的窗口时,按钮变得很小而不容易被辨认,使用时,只要找到相应的按钮组就可以找到要操作的窗口名称。

· 显示快速启动:选择后将显示快速启动工具栏。

在"通知区域"选项组中,用户可以选择是否显示时钟,也可以把最近没有点击过的图标隐藏起来以便保持通知区域的简洁明了。

2. 改变任务栏及各区域大小

当任务栏位于桌面的下方妨碍了用户的操作时,可以把任务栏拖动到桌面的任意边缘,在移动时,用户先确定任务栏处于非锁定状态,然后在任务栏上的非按钮区按下鼠标左键拖动,到所需要边缘再放手,这样任务栏就会改变位置(见图2.12)。

图 2.12　移动后的任务栏

有时用户打开的窗口比较多而且都处于最小化状态时,在任务栏上显示的按钮会变得很小,用户观察会很不方便,这时,可以改变任务栏的宽度来显示所有的窗口,把鼠标放在任务栏的上边缘,当出现双箭头指示时,按下鼠标左键不放拖动到合适位置再松开手,任务栏中即可显示所有的按钮(见图2.13)。

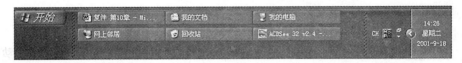

图 2.13 改变宽度后的任务栏

任务栏中的各组成部分所占比例也是可以调节的,当任务栏处于非锁定状态时,各区域的分界处将出现两竖排凹陷的小点,把鼠标放在上面,出现双向箭头后,按下鼠标左键拖动即可改变各区域的大小。

3. 使用工具栏

在任务栏中使用不同的工具栏,可以方便而快捷地完成一般的任务,系统默认显示"语言栏",用户可以根据需要添加或者新建工具栏。

・常用工具栏:当用户在任务栏的非按钮区域右击,在弹出的快捷菜单中指向"工具栏",可以看到在其子菜单中列出的常用工具栏,当选择其中的一项时,任务栏上会出现相应的工具栏。

・地址工具栏:用户可以在文本框内输入文件的路径,然后按回车键确认,这样就会快速找到指定的文件,如果用户的计算机已连入了 Internet,可以在此输入网址,系统便会自动打开 IE 浏览器。另外,还可以直接输入文件夹名、磁盘驱动器名等打开窗口(见图 2.14)。

图 2.14 地址工具栏

・链接工具栏:使用该工具栏上的快捷方式可以快速打开网站,其中包含了用户常用的选项,单击这些链接图标,用户可以直接进入相应的链接内容界面(见图 2.15)。

图 2.15 链接工具栏

・语言栏:即在此显示了当前的输入法,用户可以根据需要在此完成输入法的查看与切换。

・桌面工具栏:在此工具栏中列出了当前桌面上的图标,当用户需要启动桌面上的程序或者文件时,可以直接在任务栏上启动(见图 2.16)。

图 2.16 桌面工具栏

・快速启动工具栏:在此工具栏中提供了启动 Internet Explorer 浏览器、启动 Outlook Express 和显示桌面三个快速启动按钮,当用户需要显示桌面时,可以单击"显示桌面"小图标即可显示桌面,再次单击恢复原状。在这些图标上右击,在弹出的快捷菜单中可以进行复制、删除等多种操作,而且它们的位置是可以互换的。用户可以通过直接从桌面上拖动图标到此工具栏的方式来创建一个快速启动按钮(见图2.17)。

图2.17　快速启动栏

4．添加工具栏

除了系统默认的工具栏之外,别的工具栏是需要手动添加的,用户可以按照下面的步骤来添加。

(1)首先在任务栏上的非按钮区右击,在弹出的快捷菜单中的"工具栏"菜单项下选择所要添加的工具栏名称,此时在任务栏上会出现添加的内容,如图2.18所示。

(2)当添加工具栏完成后,在工具栏的标题上右击,在打开的快捷菜单中有两个前面带有"√"标志的选项,"显示文字"指显示图标的文字说明部分,"显示标题"指显示工具栏的标题,当取消选项前的"√"标志时,工具栏将不显示文字和标题。

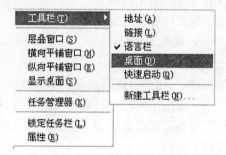

图2.18　工具栏快捷菜单

(3)当用户不再需要某工具栏时,可以按照以上的方式再选择一次,取消工具栏名称前面的"√",或者在快捷菜单中选择"关闭工具栏"命令,就可以删除添加的工具栏。

在添加了工具栏后,用户直接在任务栏上操作就可以启动程序或者打开文件,这是比较方便和快捷的。

5．新建工具栏

如果需要经常用到某些程序或者文件,可以在任务栏上创建工具栏,它的作用相当于在桌面上创建快捷方式。

用户可以参照下面的步骤来创建一个新的工具栏。

(1)在任务栏的非按钮区域右击,执行"工具栏"→"新建工具栏"命令,打开"新建工具栏"对话框,用户可以在此选择自己所要创建的程序或文件的名称,然后单击"确定"按钮,如图2.19所示。

图2.19　"新建工具栏"对话框

(2)此时已完成创建,在任务栏上出现新建的工具栏,在快捷菜单中"工具栏"下也增加了"我的音乐"这个选项。

(3)当用户不再使用此工具栏时,可在右击所弹出的快捷菜单中选择"工具栏"→"我的音乐"命令,即可删除所创建的工具栏。

四、中文版 Windows XP 的窗口

当用户打开一个文件或者是应用程序时,都会出现一个窗口,窗口是用户进行操作时的重要组成部分,熟练地对窗口进行操作,会提高用户的工作效率。

(一)窗口的组成

在中文版 Windows XP 中有许多种窗口,其中大部分都包括了相同的组件,如图 2.20 所示是一个标准的窗口,它由标题栏、菜单栏、工具栏等几部分组成。

• 标题栏:位于窗口的最上部,它标明了当前窗口的名称,左侧有控制菜单按钮,右侧有最小、最大化或还原以及关闭按钮。

• 菜单栏:在标题栏的下面,它提供了用户在操作过程中要用到的各种访问途径。

• 工具栏:在其中包括了一些常用的功能按钮,用户在使用时可以直接从上面选择各种工具。

• 状态栏:它在窗口的最下方,标明了当前有关操作对象的一些基本情况。

图 2.20　示例窗口

• 工作区域:它在窗口中所占的比例最大,显示了应用程序界面或文件中的全部内容。

• 滚动条:当工作区域的内容太多而不能全部显示时,窗口将自动出现滚动条,用户可以通过拖动水平或者垂直的滚动条来查看所有的内容。

在中文版 Windows XP 系统中,有的窗口左侧新增加了链接区域,这是以往版本的 Windows 所不具有的,它以超级链接的形式为用户提供了各种操作的便利途径。

一般情况下,链接区域包括几种选项,用户可以通过单击选项名称的方式来隐藏或显示其具体内容。

"任务"选项:为用户提供常用的操作命令,其名称和内容随打开窗口的内容而变化,当选择一个对象后,在该选项下会出现可能用到的各种操作命令,可以在此直接进行操作,而不必在菜单栏或工具栏中进行,这样会提高工作效率,其类型有"文件和文件夹任务"、"系统任务"等。

"其他位置"选项:以链接的形式为用户提供了计算机上其他的位置,在需要使用时,可以快速转到有用的位置,打开所需要的其他文件,例如"我的电脑"、"我的文档"等。

"详细信息"选项:在这个选项中显示了所选对象的大小、类型和其他信息。

(二)窗口的操作

窗口操作在 Windows 系统中是很重要的,不但可以通过鼠标使用窗口上的各种命令来操作,而且可以通过键盘来使用快捷键操作。基本的操作包括打开、缩放、移动等。

1．打开窗口

当需要打开一个窗口时,可以通过下面两种方式来实现:

(1)选中要打开的窗口图标,然后双击打开。

(2)在选中的图标上右击,在其快捷菜单中选择"打开"命令,如图 2.21 所示。

2．移动窗口

用户在打开一个窗口后,不但可以通过鼠标来移动窗口,而且可以通过鼠标和键盘的配合来完成。

移动窗口时用户只需要在标题栏上按下鼠标左键拖动,移动到合适的位置后再松开,即可完成移动的操作。

3．缩放窗口

窗口不但可以移动到桌面上的任何位置,而且还可以随意改变大小将其调整到合适的尺寸。

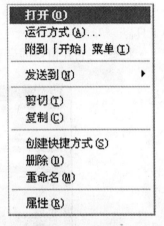

图 2.21　快捷菜单

当用户只需要改变窗口的宽度时,可把鼠标放在窗口的垂直边框上,当鼠标指针变成双向的箭头时,可以任意拖动。如果只需要改变窗口的高度时,可以把鼠标放在水平边框上,当指针变成双向箭头时进行拖动。当需要对窗口进行等比缩放时,可以把鼠标放在边框的任意角上进行拖动。

4．最大化、最小化窗口

当用户在对窗口进行操作的过程中,可以根据自己的需要,把窗口最小化、最大化等。

最小化按钮█:在暂时不需要对窗口操作时,可把它最小化以节省桌面空间,用户直接在标题栏上单击此按钮,窗口会以按钮的形式缩小到任务栏。

最大化按钮█:窗口最大化时铺满整个桌面,这时不能再移动或者是缩放窗口。用户在标题栏上单击此按钮即可使窗口最大化。

还原按钮█:当把窗口最大化后想恢复原来打开时的初始状态,单击此按钮即可实现对窗口的还原。

用户在标题栏上双击可以进行最大化与还原两种状态的切换。

5.切换窗口

当用户打开多个窗口时,需要在各个窗口之间进行切换,下面是几种切换的方式。

(1)当窗口处于最小化状态时,用户在任务栏上选择所要操作窗口的按钮,然后单击即可完成切换。当窗口处于非最小化状态时,可以在所选窗口的任意位置单击,当标题栏的颜色变深时,表明完成对窗口的切换。

(2)用 Alt + Tab 组合键来完成切换。用户可以在键盘上同时按下"Alt"和"Tab"两个键,屏幕上会出现切换任务栏,在其中列出了当前正在运行的窗口,用户这时可以按住"Alt"键,然后在键盘上按"Tab"键从"切换任务栏"中选择所要打开的窗口,选中后再松开两个键,选择的窗口即可成为当前窗口,如图 2.22 所示。

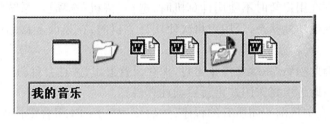

图 2.22　切换任务栏

(3)用户也可以使用 Alt + Esc 组合键,先按下"Alt"键,然后再通过按"Esc"键来选择所需要打开的窗口,但是它只能改变激活窗口的顺序,而不能使最小化窗口放大,所以,多用于切换已打开的多个窗口。

6.关闭窗口

用户完成对窗口的操作后,在关闭窗口时有下面几种方式:

(1)直接在标题栏上单击"关闭"按钮 ⊠。

(2)双击控制菜单按钮。

(3)单击控制菜单按钮,在弹出的控制菜单中选择"关闭"命令。

(4)使用 Alt + F4 组合键。

如果用户打开的窗口是应用程序,可以在文件菜单中选择"退出"命令,同样也能关闭窗口。

五、中文版 Windows XP 的退出

当用户要结束对计算机的操作时,一定要先退出中文版 Windows XP 系统,然后再关闭显示器,否则会丢失文件或破坏程序,如果用户在没有退出 Windows 系统的情况下就关机,系统将认为是非法关机,当下次再开机时,系统会自动执行自检程序。

关机的正确操作方法:

单击"开始"按钮,在"开始"菜单中选择"关闭计算机"命令按钮 ◎,这时系统会弹出一个"关闭计算机"对话框,用户可在此做出选择,如图 2.23 所示。

图 2.23　"关闭计算机"对话框

• 待机:通常在用户暂时不使用计算机时,选择"待机"选项后,系统将保持当前的运行,计算机将转入低功耗状态,当用户再次使用计算机时,在桌面上移动鼠标即可以恢复原来的状态。

• 关闭:选择此项后,系统将停止运行,保存设置退出,并且会自动关闭电源。

• 重新启动:此选项将关闭并重新启动计算机。

用户也可以在关机前关闭所有的程序,然后使用 Alt + F4 组合键快速调出"关闭计算机"对话框进行关机。

第二节　使用"开始"菜单

一、"开始"菜单的组成

(一)默认"开始"菜单

中文版 Windows XP 系统中默认的"开始"菜单,可以方便地访问 Internet、启动常用的程序。

在桌面上单击"开始"按钮,或者在键盘上按下 Ctrl + Esc 键,就可以打开"开始"菜单,它大体上可分为四部分(见图 2.24):

(1)"开始"菜单最上方标明了当前登录计算机系统的用户,由一个漂亮的小图片和用户名称组成,它们的具体内容是可以更改的。

(2)在"开始"菜单的中间部分左侧是用户常用的应用程序的快捷启动项,根据其内容的不同,中间会有不很明显的分组线进行分类,通过这些快捷启动项,用户可以快速启动应用程序。

在右侧是系统控制工具菜单区域,比如"我的电脑"、"我的文档"、"搜索"等选项,通过这些菜单项用户可以实现对计算机的操作与管理。

(3)在"所有程序"菜单项中显示计算机系统

图 2.24　"开始"菜单

中安装的全部应用程序。

(4)在"开始"菜单最下方是计算机控制菜单区域,包括"注销"和"关闭计算机"两个按钮,用户可以在此进行注销用户和关闭计算机的操作。

(二)经典"开始"菜单

用户需要改变"开始"菜单样式时,在任务栏上的空白处或者在"开始"按钮上右击,在弹出的快捷菜单中选择"属性"命令,这时会打开"任务栏和「开始」菜单属性"对话框,在"「开始」菜单"选项卡中选择"经典「开始」菜单"选项,单击"确定"按钮,当用户再次打开"开始"菜单时,将改为经典样式,如图2.25所示。

二、使用"开始"菜单的方法

当用户在使用计算机时,利用"开始"菜单可以完成启动应用程序、打开文档以及寻求帮助等工作,一般的操作都可以通过"开始"菜单来实现。

(一)启动应用程序

用户在启动某应用程序时,可以在桌面上创建快捷

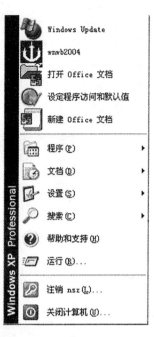

图2.25 经典"开始"菜单

方式,直接从桌面上启动,也可以在任务栏上创建工具栏启动,但是大多数人在使用计算机时,还是习惯使用"开始"菜单进行启动。

现在以启动Word这个程序来说明此项操作的步骤:

(1)在桌面上单击"开始"按钮,把鼠标指向"所有程序"选项。

(2)在"所有程序"选项下的级联菜单中执行"Microsoft Word"命令,这时,用户就可以打开Word的界面了,如图2.26所示。

图2.26 启动应用程序

(二)查找内容

有时用户需要在计算机中查找一些文件或文件夹的存放位置,如果手动进行查找会浪费很多时间,使用"搜索"命令可以帮助用户快速找到所需要的内容,除了文件和文件夹,还可以查找图片、音乐以及网络上的计算机等。

当用户需要进行内容查找时,可以在桌面上单击"开始"按钮,在打开的"开始"菜单中选择"搜索"命令,这时会打开"搜索结果"窗口,如图 2.27 所示。

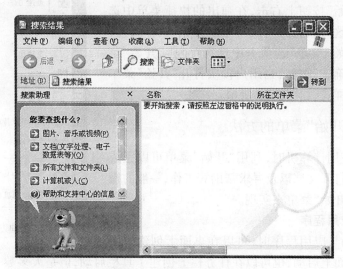

图 2.27 "搜索结果"窗口

在这个窗口中把所要查找的内容做了详细的划分归类,分为图片、音乐或视频,文档(文字处理、电子数据表等),所有文件和文件夹,计算机或人 4 种选项,这样用户在使用时只要找到相应的类型,然后在其类型下进行查找会缩小搜索范围,节约时间。

用户选定所要查找的类型然后单击,会出现要求用户输入搜索标准的列表,所选择的类型不同,所要输入的条件也不同,用户要结合自己实际情况输入搜索标准。

(三)运行命令

在"开始"菜单中选择"运行"命令,可以打开"运行"对话框,利用这个对话框用户能打开程序、文件夹、文档或者是网站,使用时需要在"打开"文本框中输入完整的程序或文件路径以及相应的网站地址,当用户不清楚程序或文件路径时,也可以单击"浏览"按钮,在打开的"浏览"窗口中选择要运行的可执行程序文件,然后单击"确定"按钮,即可打开相应的窗口。

"运行"对话框具有记忆性输入的功能,它可以自动存储用户曾经输入过的程序或文件路径,当用户再次使用时,只要在"打开"文本框中输入开头的一个字母,在其下拉列表框中即可显示以这个字母开头的所有程序或文件的名称,用户可以从中进行选择,从而节省时间,提高工作效率,如图 2.28 所示。

(四)帮助和支持

中文版 Windows XP 提供了功能强大的帮助系统,当用户在使用计算机的过程中遇到了疑难问题无法解决时,可以在帮助系统中寻找解决问题的方法,在帮助系统中不但有关

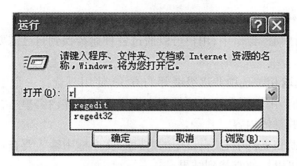

图 2.28　"运行"对话框

于 Windows XP 操作与应用的详尽说明,而且可以在其中直接完成对系统的操作。比如,使用系统还原工具撤消用户对计算机的有害更改,不仅如此,基于 Web 的帮助还能使用户从互联网上享受 Microsoft 公司的在线服务。

1. 了解"帮助和支持"窗口

当用户在"开始"菜单中选择"帮助和支持"命令后,即可打开"帮助和支持中心"窗口,在这个窗口中会为用户提供帮助主题、指南、疑难解答和其他支持服务。

中文版 Windows XP 的帮助系统以 Web 页的风格显示内容,以超级链接的形式打开相关的主题,与以往的 Windows 版本相比,结构层次更少,索引却更全面,每个选项都有相关主题的链接,这样用户可以很方便地找到自己所需的内容,用户通过帮助系统,可以快速了解 Windows XP 的新增功能及各种常规操作。

(1)在"帮助和支持中心"窗口的最上方是浏览栏,其中的选项为用户在操作时提供了方便,可以快速地选择自己所需要的内容。

当你想返回到上一级目录时,单击"〔←〕"按钮;如果你想继续前进,单击"〔→〕"按钮,在这两个按钮旁边有黑色向下的箭头,单击箭头会出现曾经访问过的主题,用户也可以直接从中选取,这样就不用逐步操作了。

当用户单击"〔⌂〕"按钮时,会回到窗口的主页,单击"收藏夹"能快速查看已保存过的帮助页,而按下"历史"选项则可以查看曾经在帮助会话中读过的内容。

(2)在窗口的浏览栏下方是"搜索"文本框,在这个文本框中用户可以设置搜索选项进行内容的查找。

(3)在窗口的工作区域是各种帮助内容的选项,在"选择一个帮助主题"选项组中有针对相关帮助内容的分类,第一部分为中文版 Windows XP 的新增功能以及基本的操作,第二部分是有关网络的设置,第三部分是如何自定义自己的计算机,第四部分是有关系统和外部设备维护的内容。

在"请求帮助"选项组中用户可以启用远程协助向别的计算机用户求助,也可以通过 Microsoft 联机帮助支持向在线的计算机专家求助,或从 Windows XP 新闻组查找信息。

在"选择一个任务"选项组中用户可利用提供的各选项对自己的计算机系统进行维护。比如用户可以使用工具查看计算机信息来分析出现的问题。

在"您知道吗"选项内用户可以启动新建连接向导,并且查看如何通过互联网服务提供商建立一个网页连接。

2. 使用帮助系统

在"帮助和支持中心"窗口中,用户可以通过各种途径找到自己需要的内容,下面向用户推荐几种方式:

(1)使用直接选取相关选项并逐级展开的方法,使用时选择一个主题单击,窗口会打开相应的详细列表框,用户可在该主题的列表框中选择具体内容单击,在窗口右侧的显示区域就会显示相应的具体内容。

(2)直接在"帮助和支持中心"窗口中的"搜索"文本框中输入要查找内容的关键字,然后单击"　　"按钮,可以快速查找到结果。

(3)用户也可以使用帮助系统的"索引"功能来进行相关内容的查找,在"帮助和支持中心"窗口的浏览栏上单击"索引"按钮,这时将切换到"索引"页面,在"索引"文本框中输入要查找的关键字,或者直接在其列表中选定所需要的内容,然后单击"显示"按钮,在窗口右侧即显示该项的详细资料。

(4)如果用户连入了 Internet,可以通过远程协助获得在线帮助或者与专业支持人员联系,在"帮助和支持中心"窗口的浏览栏上单击"支持"按钮,即可打开"支持"页面,用户可以向自己的朋友求助,或者直接向 Microsoft 公司寻求在线协助支持,还可以和其他的Windows 用户进行交流。

在"相关主题"选项组中,用户可以通过"我的电脑信息"选项查看自己的计算机安装了哪些程序和硬件,或可用的内存量等信息,在"高级系统信息"选项中提供了到系统信息的链接,用户或支持专业人员可以利用这些信息进行疑难解答以及对计算机状态进行评估。

"帮助和支持中心"窗口是可以自定义的,在窗口的浏览栏上单击"选项"按钮,会打开"选项"页面,在"更改帮助和支持中心选项"中用户可以自定义帮助系统的窗口,比如是否在浏览栏上显示"收藏夹"和"历史"这两个按钮,帮助显示内容的字体大小以及在浏览栏上是否显示文字标签等。

在"设置搜索选项"中,用户能从不同的来源寻找帮助的信息,可以在这里更改搜索范围等各种选项,如图 2.29 所示。

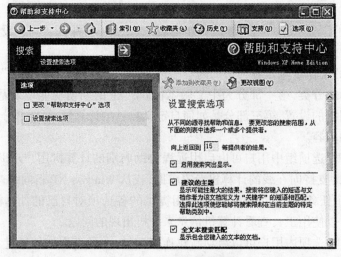

图 2.29　"选项"页面

第三节　管理文件和文件夹

一、设置文件和文件夹

文件就是用户赋予了名字并存储在磁盘上的信息的集合,它可以是用户创建的文档,也可以是可执行的应用程序或一张图片、一段声音等。文件夹是系统组织和管理文件的一种形式,是为方便用户查找、维护和存储而设置的,用户可以将文件分门别类地存放在不同的文件夹中。在文件夹中可存放所有类型的文件和下一级文件夹、磁盘驱动器及打印队列等内容。

(一)创建新文件夹

用户可以创建新的文件夹来存放具有相同类型或相近形式的文件,创建新文件夹可执行下列操作步骤:

(1)双击"我的电脑" 图标,打开"我的电脑"对话框,如图 2.30 所示。

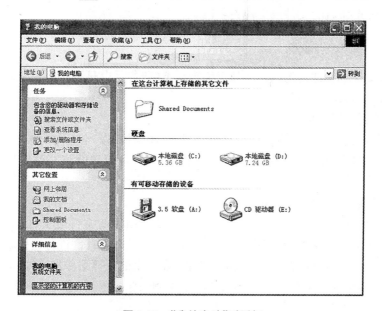

图 2.30　"我的电脑"对话框

(2)双击要新建文件夹的磁盘,打开该磁盘。

(3)选择"文件"→"新建"→"文件夹"命令,或单击右键,在弹出的快捷菜单中选择"新建"→"文件夹"命令即可新建一个文件夹。

(4)在新建的文件夹名称文本框中输入文件夹的名称,单击 Enter 键或用鼠标单击其他地方即可。

(二)移动和复制文件或文件夹

在实际应用中,有时用户需要将某个文件或文件夹移动或复制到其他地方以方便使用,这时就需要用到移动或复制命令。移动文件或文件夹就是将文件或文件夹放到其他地方,执行移动命令后,原位置的文件或文件夹消失,出现在目标位置;复制文件或文件夹就是将文件或文件夹复制一份,放到其他地方,执行复制命令后,原位置和目标位置均有该文件或文件夹。

移动和复制文件或文件夹的操作步骤如下:

(1)选择要进行移动或复制的文件或文件夹。

(2)单击"编辑"→"剪切"→"复制"命令,或单击右键,在弹出的快捷菜单中选择"剪切"|"复制"命令。

(3)选择目标位置。

(4)选择"编辑"→"粘贴"命令,或单击右键,在弹出的快捷菜单中选择"粘贴"命令即可。

(三)重命名文件或文件夹

重命名文件或文件夹就是给文件或文件夹重新命名一个新的名称,使其可以更符合用户的要求。

重命名文件或文件夹的具体操作步骤如下:

(1)选择要重命名的文件或文件夹。

(2)单击"文件"→"重命名"命令,或单击右键,在弹出的快捷菜单中选择"重命名"命令。

(3)这时文件或文件夹的名称将处于编辑状态(蓝色反白显示),用户可直接键入新的名称进行重命名操作。

(四)删除文件或文件夹

当有的文件或文件夹不再需要时,用户可将其删除掉,以利于对文件或文件夹进行管理。删除后的文件或文件夹将被放到"回收站"中,用户可以选择将其彻底删除或还原到原来的位置。

删除文件或文件夹的操作如下:

(1)选定要删除的文件或文件夹。若要选定多个相邻的文件或文件夹,可按着 Shift 键进行选择;若要选定多个不相邻的文件或文件夹,可按着 Ctrl 键进行选择。

(2)选择"文件"→"删除"命令,或单击右键,在弹出的快捷菜单中选择"删除"命令。

(3)弹出"确认文件夹删除"对话框,如图 2.31 所示。

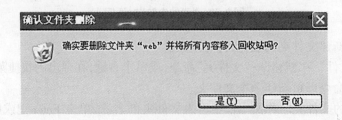

图 2.31　"确认文件夹删除"对话框

(4)若确认要删除该文件或文件夹,可单击"是"按钮;若不删除该文件或文件夹,可单击"否"按钮。

(五)删除或还原"回收站"中的文件或文件夹

"回收站"为用户提供了一个安全的删除文件或文件夹的解决方案,用户从硬盘中删除文件或文件夹时,Windows XP 会将其自动放入"回收站"中,直到用户将其清空或还原到原位置。

删除或还原"回收站"中文件或文件夹的操作步骤如下:

(1)双击桌面上的"回收站" 图标。

(2)打开"回收站"对话框,如图 2.32 所示。

图 2.32　"回收站"对话框

(3)若要删除"回收站"中所有的文件和文件夹,可单击"回收站任务"窗格中的"清空回收站"命令;若要还原所有的文件和文件夹,可单击"回收站任务"窗格中的"恢复所有项目"命令;若要还原某个文件或文件夹,可选中该文件或文件夹,单击"回收站任务"窗格中的"还原此项目"命令;若要还原多个文件或文件夹,可按着 Ctrl 键,选定文件或文件夹。

也可以选中要删除的文件或文件夹,将其拖到"回收站"中进行删除。若想直接删除文件或文件夹,而不将其放入"回收站"中,可在拖到"回收站"时按住 Shift 键,或选中该文件或文件夹,按 Shift + Delete 键。

删除"回收站"中的文件或文件夹,意味着将该文件或文件夹彻底删除,无法再还原;若还原已删除文件夹中的文件,则该文件夹将在原来的位置重建,然后在此文件夹中还原文件;当回收站充满后,Windows XP 将自动清除"回收站"中的空间以存放最近删除的文件和文件夹。

(六)更改文件或文件夹属性

文件或文件夹包含三种属性:只读、隐藏和存档。若将文件或文件夹设置为"只读"属性,则该文件或文件夹不允许更改和删除;若将文件或文件夹设置为"隐藏"属性,则该文件或文件夹在常规显示中将不被看到;若将文件或文件夹设置为"存档"属性,则表示该文件或文件夹已存档,有些程序用此选项来确定哪些文件需做备份。

更改文件或文件夹属性的操作步骤如下:

(1)选中要更改属性的文件或文件夹。

(2)选择"文件"→"属性"命令,或单击右键,在弹出的快捷菜单中选择"属性"命令,打开"属性"对话框。

(3)选择"常规"选项卡,如图2.33所示。

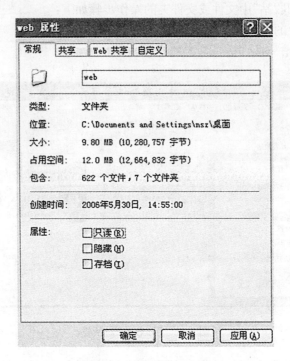

图 2.33　"常规"选项卡

(4)在该选项卡的"属性"选项组中选定需要的属性复选框。

(5)单击"应用"按钮,将弹出"确认属性更改"对话框,如图2.34所示。

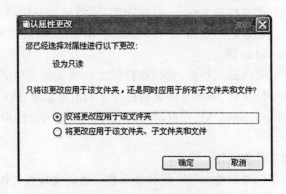

图 2.34　"确认属性更改"对话框

(6)在该对话框中可选择"仅将更改应用于该文件夹"或"将更改应用于该文件夹、子文件夹和文件"选项,单击"确定"按钮即可关闭该对话框。

(7)在"常规"选项卡中,单击"确定"按钮即可应用该属性。

二、搜索文件和文件夹

有时候用户需要察看某个文件或文件夹的内容,却忘记了该文件或文件夹存放的具体的位置或具体名称,这时候 Windows XP 提供的搜索文件或文件夹功能就可以帮用户查找该文件或文件夹。

搜索文件或文件夹的具体操作如下:

(1)单击"开始"按钮,在弹出的菜单中选择"搜索"命令。

(2)打开"搜索结果"对话框,如图 2.35 所示。

图 2.35　"搜索结果"对话框

(3)在"要搜索的文件或文件夹名为"文本框中,输入文件或文件夹的名称。

(4)在"包含文字"文本框中输入该文件或文件夹中包含的文字。

(5)在"搜索范围"下拉列表中选择要搜索的范围。

(6)单击"立即搜索"按钮,即可开始搜索。Windows XP 会将搜索的结果显示在"搜索结果"对话框右边的空白框内。

(7)若要停止搜索,可单击"停止搜索"按钮。

(8)双击搜索后显示的文件或文件夹,即可打开该文件或文件夹。

三、设置共享文件夹

Windows XP 网络方面的功能设置更加强大,用户不仅可以使用系统提供的共享文件夹,也可以设置自己的共享文件夹,与其他用户共享自己的文件夹。

系统提供的共享文件夹被命名为"Shared Documents",双击"我的电脑"图标,在"我的电脑"对话框中可看到该共享文件夹。若用户想将某个文件或文件夹设置为共享,可选定该文件或文件夹,将其拖到"Shared Documents"共享文件夹中即可。

　　设置用户自己的共享文件夹的操作如下:

　　(1)选定要设置共享的文件夹。

　　(2)选择"文件"→"共享"命令,或单击右键,在弹出的快捷菜单中选择"共享"命令。

　　(3)打开"属性"对话框中的"共享"选项卡,如图2.36所示。

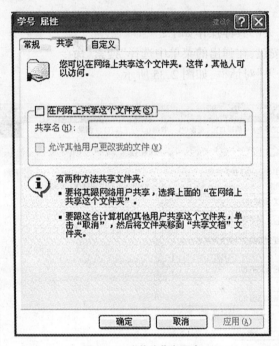

图2.36 "共享"选项卡

　　(4)选中"在网络上共享这个文件夹"复选框,这时"共享名"文本框和"允许其他用户更改我的文件"复选框变为可用状态。用户可以在"共享名"文本框中更改该共享文件夹的名称;若清除"允许其他用户更改我的文件"复选框,则其他用户只能看该共享文件夹中的内容,而不能对其进行修改。

　　(5)设置完毕后,单击"应用"按钮和"确定"按钮即可。

第四节　使用画图工具

　　"画图"程序是一个位图编辑器,可以对各种位图格式的图画进行编辑,用户可以自己绘制图画,也可以对扫描的图片进行编辑修改。在编辑完成后,可以以 BMP、JPG、GIF 等格式存档,用户还可以发送到桌面和其他文本文档中。

一、认识"画图"界面

　　当用户要使用画图工具时,可单击"开始"按钮,单击"所有程序"→"附件"→"画图",这时用户可以进入"画图"界面,图2.37为程序默认状态。

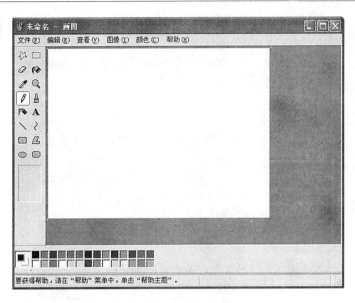

图 2.37　"画图"界面

下面简单介绍一下程序界面的构成：

- 标题栏：在这里标明了用户正在使用的程序和正在编辑的文件。
- 菜单栏：此区域提供了用户在操作时要用到的各种命令。
- 工具箱：它包含了 16 种常用的绘图工具和一个辅助选择框，为用户提供多种选择。
- 颜料盒：它由显示多种颜色的小色块组成，用户可以随意改变绘图颜色。
- 状态栏：它的内容随光标的移动而改变，标明了当前鼠标所处位置的信息。
- 绘图区：处于整个界面的中间，为用户提供画布。

二、页面设置

在用户使用画图程序之前，首先要根据自己的实际需要进行画布的选择，也就是要进行页面设置，确定所要绘制的图画大小以及各种具体的格式。用户可以通过选择"文件"菜单中的"页面设置"命令来实现，如图 2.38 所示。

在"纸张"选项组中，单击向下的箭头，会弹出一个下拉列表框，用户可以选择纸张的大小及来源，可从"纵向"和"横向"复选框中选择纸张的方向，还可进行页边距离及缩放比例的调整，当一切设置好之后，用户就可以进行绘画的工作了。

三、使用工具箱

在"工具箱"中，为用户提供了 16 种常用的工具，当每选择一种工具时，在下面的辅助选择框中会出现相应的信息，比如当选择"放大镜"工具时，会显示放大的比例，当选择"刷子"工具时，会出现刷子大小及显示方式的选项，用户可自行选择。

- 裁剪工具 ⊠：利用此工具，可以对图片进行任意形状的裁切，单击此工具按钮，按下左键不松开，对所要进行的对象进行圈选后再松开手，此时出现虚框选区，拖动选区，即可看到效果。

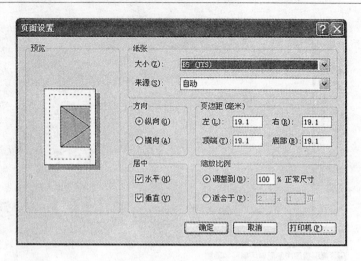

图 2.38 "页面设置"对话框

● 选定工具 ▭ :此工具用于选中对象,使用时单击此按钮,拖动鼠标左键,可以拉出一个矩形选区对所要操作的对象进行选择,用户可对选中范围内的对象进行复制、移动、剪切等操作。

● 橡皮工具 ✐ :用于擦除绘图中不需要的部分,用户可根据要擦除的对象范围大小,来选择合适的橡皮擦,橡皮工具根据后背景而变化,当用户改变其背景色时,橡皮会转换为绘图工具,类似于刷子的功能。

● 填充工具 ◈ :运用此工具可对一个选区内进行颜色的填充,来达到不同的表现效果,用户可以从颜料盒中进行颜色的选择,选定某种颜色后,单击改变前景色,右击改变背景色,在填充时,一定要在封闭的范围内进行,否则整个画布的颜色会发生改变,达不到预想的效果,在填充对象上单击填充前景色,右击填充背景色。

● 取色工具 ✐ :此工具的功能等同于在颜料盒中进行颜色的选择,运用此工具时可单击该工具按钮,在要操作的对象上单击,颜料盒中的前景色随之改变,而对其右击,则背景色会发生相应的改变,当用户需要对两个对象进行相同颜色填充,而这时前、背景色的颜色已经调乱时,可采用此工具,能保证其颜色的绝对相同。

● 放大镜工具 🔍 :当用户需要对某一区域进行详细观察时,可以使用放大镜进行放大,选择此工具按钮,绘图区会出现一个矩形选区,选择所要观察的对象,单击即可放大,再次单击回到原来的状态,用户可以在辅助选框中选择放大的比例。

● 铅笔工具 ✎ :此工具用于不规则线条的绘制,直接选择该工具按钮即可使用,线条的颜色依前景色而改变,可通过改变前景色来改变线条的颜色。

● 刷子工具 ♟ :使用此工具可绘制不规则的图形,使用时单击该工具按钮,在绘图区按下左键拖动即可绘制显示前景色的图画,按下右键拖动可绘制显示背景色图画。用户可以根据需要选择不同的笔刷粗细及形状。

● 喷枪工具 ✿ :使用喷枪工具能产生喷绘的效果,选择好颜色后,单击此按钮,即可进行喷绘,在喷绘点上停留的时间越久,其浓度越大,反之,浓度越小。

● 文字工具 A :用户可采用文字工具在图画中加入文字,单击此按钮,"查看"菜单中的"文字工具栏"便可以用了,执行此命令,这时就会弹出"文字工具栏",用户在文字输入框内输完文字并且选择后,可以设置文字的字体、字号,给文字加粗、倾斜、加下划线,改变文字的显示方向,等等(如图2.39)。

图2.39 文字工具

• 直线工具＼:此工具用于直线线条的绘制,先选择所需要的颜色以及在辅助选择框中选择合适的宽度,单击直线工具按钮,拖动鼠标至所需要的位置再松开,即可得到直线,在拖动的过程中同时按Shift键,可起到约束的作用,这样可以画出水平线、垂直线或与水平线成45°的线条。

• 曲线工具 ?:此工具用于曲线线条的绘制,先选择好线条的颜色及宽度,然后单击曲线按钮,拖动鼠标至所需要的位置再松开,然后在线条上选择一点,移动鼠标则线条会随之变化,调整至合适的弧度即可。

• 矩形工具□、椭圆工具◯、圆角矩形工具▢:这三种工具的应用基本相同,当单击工具按钮后,在绘图区直接拖动即可拉出相应的图形,在其辅助选择框中有三种选项,包括以前景色为边框的图形、以前景色为边框背景色填充的图形、以前景色填充没有边框的图形,在拉动鼠标的同时按Shift键,可以分别得到正方形、正圆、正圆角矩形工具。

• 多边形工具 ◿:利用此工具用户可以绘制多边形,选定颜色后,单击工具按钮,在绘图区拖动鼠标左键,当需要弯曲时松开手,如此反复,到最后时双击鼠标,即可得到相应的多边形。

第五节 个性化工作环境

一、设置快捷方式

设置快捷方式包括设置桌面快捷方式和设置快捷键两种方式。设置桌面快捷方式就是在桌面上建立各种应用程序、文件、文件夹、打印机或网络中的计算机等快捷方式图标,通过双击该快捷方式图标,即可快速打开该项目。设置快捷键就是设置各种应用程序、文件、文件夹、打印机等快捷键,通过按该快捷键,即可快速打开该项目。

(一)创建桌面快捷方式

(1)单击"开始"按钮,选择"所有程序"→"附件"→"Windows 资源管理器"命令,打开"Windows 资源管理器"。

(2)选定要创建快捷方式的应用程序、文件、文件夹、打印机或计算机等。

(3)选择"文件"→"创建快捷方式"命令,或单击右键,在打开的快捷菜单中选择"创建快捷方式"命令,即可创建该项目的快捷方式。

(4)将该项目的快捷方式拖到桌面上即可,如 Word 的快捷方式图标为 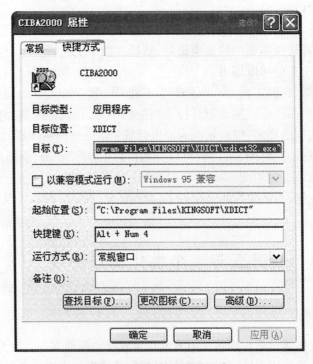 。

若单击"开始"按钮,在"所有程序"子菜单中有用户要创建桌面快捷方式的应用程序,也可以用右键单击该应用程序,在弹出的快捷菜单中选择"创建快捷方式"命令,系统会将创建的快捷方式添加到"所有程序"子菜单中,将该快捷方式拖到桌面上也可创建该应用程序的桌面快捷方式。

(二)设置快捷键

(1)右击要设置快捷键的项目。

(2)在弹出的快捷菜单中选择"属性"命令,打开"属性"对话框。

(3)选择"快捷方式"选项卡,如图 2.40 所示。

(4)在该选项卡中的快捷键文本框中直接按所要设定的快捷键即可。例如,要设定快捷键为 Alt + Num4,可先单击该文本框,然后直接按 Alt 键和数字键盘区中的 4 键即可。

(5)设置完毕后,单击"应用"和"确定"按钮即可。

图 2.40　"快捷方式"选项卡

二、设置桌面背景及屏幕保护

桌面背景就是用户打开计算机进入 Windows XP 操作系统后,所出现的桌面背景颜色或图片。屏幕保护就是若在一段时间内不用计算机,设置了屏幕保护后,系统会自动启动屏幕保护程序,以保护显示屏幕不被烧坏。

(一)设置桌面背景

用户可以选择单一的颜色作为桌面的背景,也可以选择类型为 BMP、JPG、HTML 等的位图文件作为桌面的背景图片。设置桌面背景的操作步骤如下:

(1)右击桌面任意空白处,在弹出的快捷菜单中选择"属性"命令,或单击"开始"按钮,选择"控制面板"命令,在弹出的"控制面板"对话框中双击"显示"图标。

(2)打开"显示属性"对话框,选择"桌面"选项卡,如图 2.41 所示。

图 2.41　"桌面"选项卡

(3)在"背景"列表框中可选择一幅喜欢的背景图片,在选项卡中的显示器中将显示该图片作为背景图片的效果,也可以单击"浏览"按钮,在本地磁盘或网络中选择其他图片作为桌面背景。在"位置"下拉列表中有居中、平铺和拉伸三种选项,可调整背景图片在桌面上的位置。若用户想用纯色作为桌面背景颜色,可在"背景"列表中选择"无"选项,在"颜色"下拉列表中选择喜欢的颜色,单击"应用"按钮即可。

(二)设置屏幕保护

在实际使用中,若彩色屏幕的内容一直固定不变,间隔时间较长后可能会造成屏幕的损坏,因此若在一段时间内不用计算机,可设置屏幕保护程序自动启动,以动态的画面显示屏幕,以保护屏幕不受损坏。

设置屏幕保护的操作步骤如下:

(1)右击桌面任意空白处,在弹出的快捷菜单中选择"属性"命令,或单击"开始"按钮,选择"控制面板"命令,在弹出的"控制面板"对话框中双击"显示"图标。

（2）打开"显示属性"对话框，选择"屏幕保护程序"选项卡，如图 2.42 所示。

（3）在该选项卡的"屏幕保护程序"选项组中的下拉列表中选择一种屏幕保护程序，在选项卡的显示器中即可看到该屏幕保护程序的显示效果。单击"设置"按钮，可对该屏幕保护程序进行一些设置；单击"预览"按钮，可预览该屏幕保护程序的效果，移动鼠标或操作键盘即可结束屏幕保护程序；在"等待"文本框中可输入或调节微调按钮确定，若计算机多长时间无人使用则启动该屏幕保护程序。

图 2.42　"屏幕保护程序"选项卡

三、更改显示外观

更改显示外观就是更改桌面、消息框、活动窗口和非活动窗口等的颜色、大小、字体等。在默认状态下，系统使用的是"Windows 标准"的颜色、大小、字体等设置。用户也可以根据自己的喜好设计自己的关于这些项目的颜色、大小和字体等显示方案。

更改显示外观的操作步骤如下：

（1）右击桌面任意空白处，在弹出的快捷菜单中选择"属性"命令，或单击"开始"按钮，选择"控制面板"命令，在弹出的"控制面板"对话框中双击"显示"图标。

（2）打开"显示属性"对话框，选择"外观"选项卡，如图 2.43 所示。

（3）在该选项卡中的"窗口和按钮"下拉列表中有"Whistler 样式"和"Windows 经典"两种样式选项。若选择"Whistler 样式"选项，则"色彩方案"和"字体大小"只可使用系统默认方案；若选择"Windows 经典"选项，则"色彩方案"和"字体大小"下拉列表中提供有多种选项供用户选择。单击"高级"按钮，将弹出"高级外观"对话框，如图 2.44 所示。

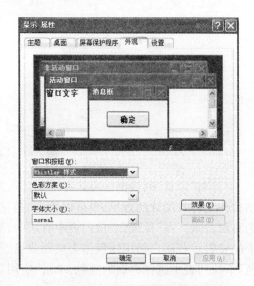

图 2.43　"外观"选项卡

在该对话框中的"项目"下拉列表中提供了所有可进行更改设置的选项，用户可单击显示框中的想要更改的项目，也可以直接在"项目"下拉列表中进行选择，然后更改其大小和颜色等。若所选项目中包含字体，则"字体"下拉列表变为可用状态，用户可对其进行设置。

（4）设置完毕后，单击"确定"按钮回到"外观"选项卡中。

（5）单击"效果"按钮，打开"效果"对话框，如图 2.45 所示。

图 2.44 "高级外观"对话框

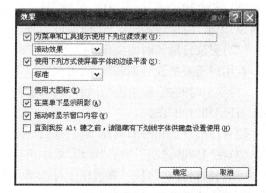

图 2.45 "效果"对话框

（6）在该对话框中可进行显示效果的设置，单击"确定"按钮回到"外观"选项卡中。

（7）单击"应用"和"确定"按钮即可应用所选设置。

四、更改日期和时间

在任务栏的右端显示有系统提供的时间和星期，将鼠标指向时间栏稍有停顿即会显示系统日期。若用户不想显示日期和时间，或需要更改日期和时间可按以下步骤进行操作。

（一）不显示日期和时间操作

若用户不想显示日期和时间，可执行以下操作：

（1）右击任务栏，在弹出的快捷菜单中选择"属性"命令，打开"任务栏和「开始」菜单属性"对话框。

（2）选择"任务栏"选项卡，如图 2.46 所示。

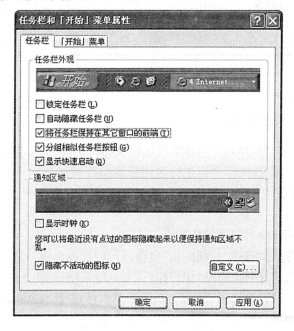

图 2.46 "任务栏"选项卡

(3)在"通知区域"选项组中,清除"显示时钟"复选框。

(4)单击"应用"和"确定"按钮即可。

(二)更改日期和时间操作

若用户需要更改日期和时间,可执行以下步骤:

(1)双击时间栏,或单击"开始"按钮,选择"控制面板"命令,打开"控制面板"对话框,双击"日期和时间"图标。

(2)打开"日期和时间属性"对话框,选择"时间和日期"选项卡,如图2.47所示。

(3)在"日期"选项组中的"年份"框中可按微调按钮调节准确的年份,在"月份"下拉列表中可选择月份,在"日期"列表框中可选择日期和星期;在"时间"选项组中的"时间"文本框中可输入或调节准确的时间。

(4)更改完毕后,单击"应用"和"确定"按钮即可。

图2.47　"时间和日期"选项卡

五、设置多用户使用环境

在实际生活中,多用户使用一台计算机的情况经常出现,而每个用户的个人设置和配置文件等均会有所不同,这时用户可进行多用户使用环境的设置。使用多用户使用环境设置后,不同用户用不同身份登录时,系统就会应用该用户身份的设置,而不会影响到其他用户的设置。

设置多用户使用环境的具体操作如下:

(1)单击"开始"按钮,选择"控制面板"命令,打开"控制面板"对话框。

(2)双击"用户账户"图标,打开"用户账户"之一对话框,如图2.48所示。

(3)在该对话框中的"挑选一项任务…"选项组中可选择"更改用户"、"创建一个新用户"或"更改用户登录或注销的方式"三种选项;在"或挑一个账户做更改"选项组中可选择"计算机管理员"账户或"来宾"账户。

图 2.48　"用户账户"之一对话框

(4)例如,若用户要进行用户账户的更改,可单击"更改用户"命令,打开"用户账户"之二对话框,如图 2.49 所示。

图 2.49　"用户账户"之二对话框

(5)在该对话框中选择要更改的账户,例如选择"计算机管理员"账户,打开"用户账户"之三对话框,如图 2.50 所示。

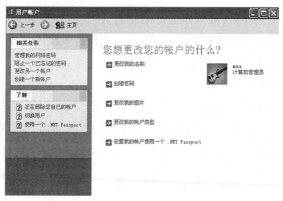

图 2.50　"用户账户"之三对话框

(6)在该对话框中,用户可选择"创建一张密码重设盘"、"更改我的名称"、"更改我的图片"、"更改我的账户类别"、"创建密码"或"创建 Passport"等选项。例如,选择"创建密码"选项。

(7)弹出"用户账户"之四对话框,如图 2.51 所示。

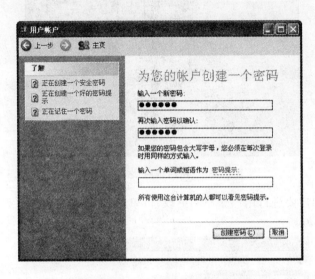

图 2.51　"用户账户"之四对话框

(8)在该对话框中输入密码及密码提示,单击"创建密码"按钮,即可创建登录该用户账户的密码。

若用户要更改其他用户账户选项或创建新的用户账户等,可单击相应的命令选项,按提示信息操作即可。

第六节　多媒体视听娱乐

一、设置多媒体

多媒体使电脑具有了听觉、视觉和发音的能力,使其变得更加亲切自然,更具人性化,赢得了大多数用户的喜爱。要想充分发挥 Windows XP 的多媒体功能,用户就需要先对各种多媒体设备进行设置,使其可以发挥最佳的性能。

(一)设置声音和音频设备

设置声音和音频设备的音频、语声、声音及硬件等可执行以下操作:

(1)单击"开始"按钮,选择"控制面板"命令,打开"控制面板"对话框。

(2)双击"声音和音频设备"图标,打开"声音和音频设备属性"对话框,选择"音量"选项卡,如图 2.52 所示。

图 2.52　"音量"选项卡

在该选项卡中,用户可在"设备音量"选项组中拖动滑块调整音频设备的音量。若选中"静音"复选框,则不输出声音;若选中"在任务栏通知区域放置音量图标 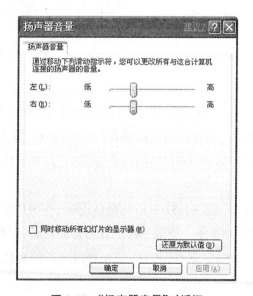"复选框,则在任务栏的通知区域中将出现"音量"图标,单击该图标可弹出音量调整框,拖动滑块可调整输出的音量。在"扬声器设置"选项组中单击"扬声器音量"按钮,可打开"扬声器音量"对话框,调整扬声器的音量,如图 2.53 所示。

图 2.53　"扬声器音量"对话框

(3)选择"声音"选项卡,如图 2.54 所示。在该选项卡中的"声音方案"下拉列表中可选择一种声音方案。在"程序事件"列表框中将显示该声音方案的各种程序事件声音。选择一种程序事件声音,单击"浏览"按钮,可为该程序事件选择另一种声音。单击"应用"按钮,即可应用设置。

(4)选择"音频"选项卡,如图 2.55 所示。在该选项卡中的"声音播放"选项组中的"默认设备"下拉列表中可选择声音播放的设备;在"录音"选项组中的"默认设备"下拉列表中可选择录音的设备;在"MIDI 音乐播放"选项组中的默认设备下拉列表中可选择播放 MIDI音乐的设备。设置完毕后,单击"应用"按钮即可应用设置。

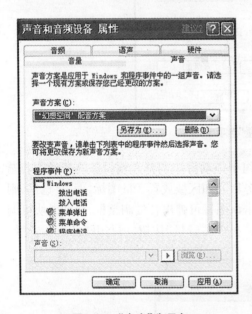

图 2.54 "声音"选项卡

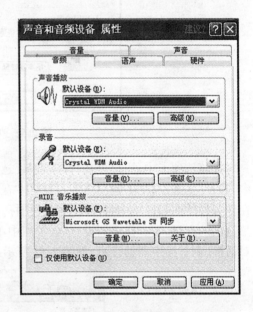

图 2.55 "音频"选项卡

(5)选择"语声"选项卡,如图 2.56 所示。在该选项卡中的"播音"选项组中的"默认设备"下拉列表中可选择播音的默认设备;在"录音"选项组中的"默认设备"下拉列表中可选择录音的默认设备。单击"语音测试"按钮,可在弹出的"声音硬件测试向导"对话框中进行录音及播音的测试。

(6)选择"硬件"选项卡,如图 2.57 所示。在该选项卡中的"设备"列表框中显示了所有声音和音频设备的名称和类型。单击一种声音和音频设备,可在"设备属性"选项组中看到该设备的详细信息。单击"属性"按钮,可查看该设备的属性及详细信息、驱动程序等。单击"应用"和"确定"按钮即可。

图 2.56 "语声"选项卡

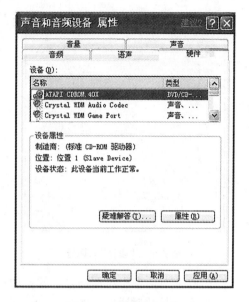

图 2.57 "硬件"选项卡

(二)控制音量及录音控制

控制音量及录音控制的具体步骤如下：

(1)双击任务栏通知区域中的"音量"图标 。

(2)打开"主输出"对话框,如图 2.58 所示。

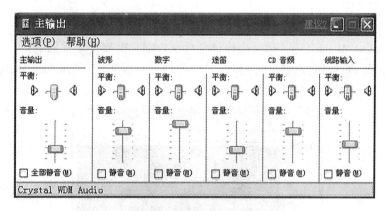

图 2.58 "主输出"对话框

(3)在该对话框中的"主输出"选项组中可调整主输出的平衡、音量;在"波形"、"数字"、"迷笛"、"CD 音频"、"线路输入"等选项组中可分别调整其平衡及音量。

(4)单击"选项"→"属性"命令,可弹出"属性"对话框,如图 2.59 所示。

(5)在该对话框中的"混音器"下拉列表中可选择混音器。在"调节音量"选项组中选择"播放"选项,出现如图 2.58 所示的控制播放音量的"主输出"对话框;若选择"录音"选项,则弹出"录音控制"对话框,如图 2.60 所示。

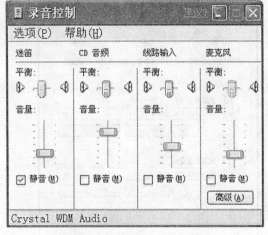

图 2.59 "属性"对话框　　　　　　　　　图 2.60 "录音控制"对话框

(6)在该对话框中可调整录音的各种音频效果的平衡及音量。

(7)在"属性"对话框中的"显示下列音量控制"列表框中选中各选项前的复选框,单击"确定"按钮,即可在"主输出"或"录音控制"对话框中显示该选项。

二、使用 Windows Media Player

使用 Windows Media Player 可以播放、编辑和嵌入多种多媒体文件,包括视频、音频和动画文件。Windows Media Player 不仅可以播放本地的多媒体文件,还可以播放来自 Internet 的流式媒体文件。

(一)播放多媒体文件、CD 唱片

使用 Windows Media Player 播放多媒体文件、CD 唱片的操作步骤如下:

(1)单击"开始"按钮,选择"更多程序"→"附件"→"娱乐"→"Windows Media Player"命令,打开"Windows Media Player"窗口,如图 2.61 所示。

图 2.61 "Windows Media Player"窗口

(2)若要播放本地磁盘上的多媒体文件,可选择"文件"→"打开"命令,选中该文件,单击"打开"按钮或双击即可播放。

(3)若要播放 CD 唱片,可先将 CD 唱片放入 CD – ROM 驱动器中,单击"CD 音频"按钮,再单击"播放" 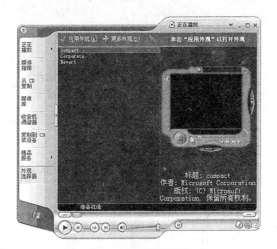 按钮即可。

(二)更换 Windows Media Player 面板

Windows Media Player 提供了多种不同风格的面板供用户选择。要更换 Windows Media Player 面板,可执行以下操作:

(1)打开 Windows Media Player 窗口。

(2)单击"外观选择器"按钮,如图 2.62 所示。

图 2.62　更换面板

(3)在"面板清单"列表框中可选择一种面板,在预览框中即可看到该面板的效果。单击"应用外观"按钮,即可应用该面板。单击"更多外观"按钮,可在网络上下载更多的面板,图 2.63 显示了更换面板后的效果。

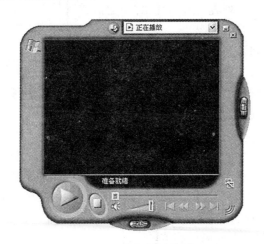

图 2.63　更换面板后的效果

(三)复制 CD 音乐到媒体库中

利用 Windows Media Player 复制 CD 音乐到本地磁盘中,可执行以下操作:

(1)打开 Windows Media Player。

(2)将要复制的音乐 CD 盘放入 CD – ROM 中。

(3)单击"CD 音频"按钮,打开该 CD 的曲目库,如图 2.64 所示。

图 2.64　打开 CD 的曲目库

(4)清除不需要复制的曲目库的复选标记。

(5)单击"复制音乐"按钮,即可开始进行复制。

(6)复制完毕后,单击"媒体库"按钮,即可看到所复制的曲目及其详细信息。

(7)选择一个曲目,单击"播放"按钮或单击右键,在弹出的快捷菜单中选择播放即可播放该曲目,也可在弹出的快捷菜单中选择将其添加到播放列表中,或将其删除。

将曲目添加到播放列表的操作步骤为:

• 单击"媒体库"按钮,打开 Windows Media Player 媒体库。

• 单击"选择新建播放列表"按钮,弹出"新建播放列表"对话框,如图 2.65 所示。

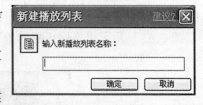

• 在"输入新播放列表名称"文本框中可输入新建的播放列表的名称,单击"确定"按钮即可。

图 2.65　"新建播放列表"对话框

• 选中要添加到播放列表中的曲目,单击"添加到播放列表"按钮,在其下拉列表中选择要添加到的播放列表即可。

三、使用录音机

使用"录音机"可以录制、混合、播放和编辑声音文件(.wav 文件),也可以将声音文件链接或插入到另一文档中。

(一)使用"录音机"进行录音

使用"录音机"进行录音的操作如下:

（1）单击"开始"按钮,选择"更多程序"→"附件"→"娱乐"→"录音机"命令,打开"声音－录音机"窗口,如图2.66所示。

（2）单击"录音" ● 按钮,即可开始录音。最多录音长度为60s。

（3）录制完毕后,单击"停止" ■ 按钮即可。

（4）单击"播放" ▶ 按钮,即可播放所录制的声音文件。

图2.66　"声音－录音机"窗口

（二）调整声音文件的质量

用"录音机"所录制下来的声音文件,用户还可以调整其声音文件的质量。调整声音文件质量的具体操作如下:

（1）打开"录音机"窗口。

（2）选择"文件"→"打开"命令,双击要进行调整的声音文件。

（3）单击"文件"→"属性"命令,打开"声音文件属性"对话框,如图2.67所示。

（4）在该对话框中显示了该声音文件的具体信息,在"格式转换"选项组中单击"选自"下拉列表,其中各选项功能如下:

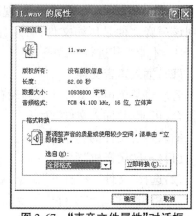

· 全部格式:显示全部可用的格式。

· 播放格式:显示声卡支持的所有可能的播放格式。

图2.67　"声音文件属性"对话框

· 录音格式:显示声卡支持的所有可能的录音格式。

（5）选择一种所需格式,单击"立即转换"按钮,打开"声音选定"对话框,如图2.68所示。

（6）在该对话框中的"名称"下拉列表中可选择"无题"、"CD质量"、"电话质量"和"收音质量"选项。在"格式"和"属性"下拉列表中可选择该声音文件的格式和属性。

"CD质量"、"收音质量"和"电话质量"具有预定义格式和属性(例如,采样频率和信道数量),无法指定其格式及属性。如果选定"无题"选项,则能够指定格式及属性。

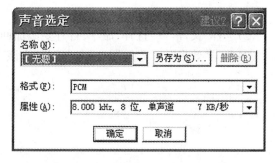

图2.68　"声音选定"对话框

（7）调整完毕后,单击"确定"按钮即可。

（三）混合声音文件

混合声音文件就是将多个声音文件混合到一个声音文件中。利用"录音机"进行声音

文件的混音,可执行以下操作:

(1)打开"录音机"窗口。

(2)选择"文件"→"打开"命令,双击要混入声音的声音文件。

(3)将滑块移动到文件中需要混入声音的地方。

(4)选择"编辑"→"与文件混音"命令,
打开"混入文件"对话框,如图 2.69 所示。

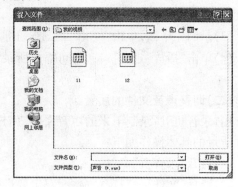

(5)双击要混入的声音文件即可。

将某个声音文件混合到现有的声音文
件中,新的声音将与插入点后的原有声音
混合在一起。

"录音机"只能混合未压缩的声音文
件。如果在"录音机"窗口中未发现绿线,
说明该声音文件是压缩文件,必须先调整
其音质,才能对其进行修改。

图 2.69　"混入文件"对话框

(四)插入声音文件

若想将某个声音文件插入到现有的声音文件中,而又不想让其与插入点后的原有声
音混合,可使用"插入文件"命令。

插入声音文件的具体步骤如下:

(1)打开"录音机"窗口。

(2)选择"文件"→"打开"命令,双击要插入声音的声音文件。

(3)将滑块移动到文件中需要插入声音的地方。

(4)选择"编辑"→"插入文件"命令,打开"插入文件"对话框,双击要插入的声音文件
即可。

(五)为声音文件添加回音

用户也可以为录制的声音文件添加回音效果,操作如下:

(1)打开"录音机"窗口。

(2)选择"文件"→"打开"命令,打开要添加回音效果的声音文件。

(3)单击"效果"→"添加回音"命令即可为该声音文件添加回音效果。

第三章 文档编辑

汉字输入法只能输入汉字,但对输入汉字的大小、方向、形状、字间距、行间距等的管理功能还需专用的软件。目前有许多这类优秀的文字处理软件,如:Word、WPS(Word Processing System)、Edit Plus、CCED,以及方正文字排版系统等,都能满足众多用户的需求,为实现办公自动化提供了便利的文字处理功能。下面以 Word2000 为例简要说明文字的编辑方法。

第一节 Word 窗口及操作简介

一、Word 的调用

当您的系统已装入了 Word 文件,就可以通过"开始"→"程序"→"Microsoft Word"调用并打开该文件。但经常这样会感到很麻烦,您可以通过建立快捷方式,把它拉到桌面上,这样,当您想使用 Word2000 进行文字编辑时,您可以在桌面上找到 Word2000 的图标,然后把光标移到图标上,双击鼠标左键,屏幕上将出现 Word2000 的版权声明,然后就进入了 Word2000 的编辑界面,您就可以进行文字编辑了。

二、Word 窗口简介

当您启动 Word2000 中文版后,就会在屏幕上看到一个 Word 窗口,在窗口中有许多可供文本编辑的工具,使用这些工具会很方便地对文本进行编辑,如图 3.1 所示。

屏幕的主要组成部分如下。

(一)标题栏

标题栏用来显示文档的标题。当打开或创建了一个新文档时,该文档的名字就会出现在标题栏上。

(二)菜单栏

菜单栏由 9 个菜单组成,包括文件、编辑、视图、插入、格式、工具、表格、窗口、帮助等。每个菜单都有自己的一组命令。点击菜单选择其中的命令,就等于执行了 Word2000 的某一项功能。

菜单栏中的 9 个菜单,平时隐藏着,需要时才把它打开,其打开的操作方法有以下 3 种。

1. 用鼠标打开菜单栏上的菜单

用鼠标直接单击菜单栏中的菜单某一项,就会弹出一个菜单。

例如点击"编辑"就会弹出一个如图 3.2 所示菜单。然后用鼠标在这些菜单中选择某一项并双击该项,系统就会完成所选项的操作。

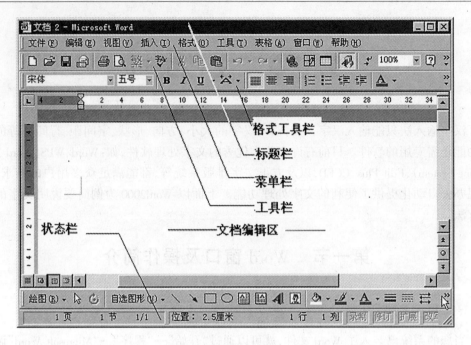

格式工具栏
标题栏
菜单栏
工具栏
文档编辑区
状态栏

图 3.1　Word 窗口

2. 用键盘打开菜单栏上的菜单

可同时按下 Alt 键和菜单中所对应的带下划线的大写字母,例如按下 T 键时就等于用鼠标单击"工具"菜单。在打开菜单后,按下左、右方向键,还可以打开与之相邻的其他菜单。

3. 快捷菜单

此类操作方法是将光标放在编辑区,然后单击鼠标右键的方式打开的。

快捷菜单最大的特点是使用方便、快捷,而且菜单中的命令是用户最为常用的命令。如在文档窗口中所弹出的快捷菜单中的"剪切"、"复制"和"粘贴"命令都是编辑和排版时必不可少的命令,如图 3.3 所示。

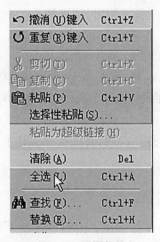

图 3.2　编辑菜单

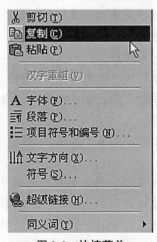

图 3.3　快捷菜单

(三)工具栏

使用 Word2000 中文版的工具栏中的工具按钮可以迅速获得 Word2000 中最常用的命令。Word 中文版提供的工具栏很多,常打开的有常用工具栏与格式工具栏,如图 3.1 所示。用户还可以打开其他工具栏,方法有 3 种:

方法一

(1)单击"视图"菜单或按 Alt + V 组合键。

(2)选择"工具栏"命令。

(3)在"工具栏"子菜单中选择需要打开的工具栏。

方法二

(1)在工具栏上单击鼠标右键。

(2)从弹出的快捷菜单中选择需要打开的工具栏。

方法三

(1)单击"工具"菜单。

(2)单击"自定义"命令,打开"自定义"对话框。

(3)选择"工具栏"选项卡。

(4)在"工具栏"列表框中选择工具栏的名称。

打开工具栏是为了使用其中的工具按钮进行排版和编辑操作。工具按钮的使用方法很简单,将鼠标移到工具按钮上后,按钮旁边会自动显示该按钮的名称,单击相应的按钮即可。另外,也可以使用该工具按钮所对应的快捷键,例如,要打开一个文档,除了单击"打开"按钮外,还可以直接按下"Ctrl + O"组合键。

1. 常用工具栏

它由许多工具按钮组成,每一个工具按钮代表一个常用的命令,如:打开、打印、存储、打印预览等,只要用鼠标单击某一工具按钮,就会执行相应的操作。

2. 格式工具栏

它与常用工具栏很相似,也由一排工具按钮组成,但按钮的作用不同,它主要用于 Word 文档的排版。

(四)标尺

标尺分为水平标尺和垂直标尺,用来查看正文的宽度和高度,以及图片、图文框、文本框、表格等的宽度和高度,还可以用来排版正文。

(五)文档编辑区

它是 Word2000 文档录入与排版的区域,因此又称为文档窗口。在该区域中可进行文档的输入、编辑、修改、排版等工作,是用户工作的直接反映。

(六)滚动条

滚动条用于移动屏幕,它分为垂直滚动与水平滚动条两种。利用垂直滚动条可以使文档上下滚动以查看文档的上下内容,利用水平滚动条可以水平滚动文档来查看文档的左右内容。

(七)状态栏

它在屏幕的最下面一行,显示有关命令、工具栏、按钮、正在进行的操作或插入点所在位置等信息。

三、菜单与对话框命令操作

(一)菜单命令操作

菜单中的每一个菜单项就是一条命令,每一条命令对应着 Word2000 中的某一项功能。选择命令的方法与打开菜单相同,既可以用鼠标,也可以用键盘。例如,在打开的"编辑"菜单中用鼠标单击"粘贴"命令或在键盘上按下该命令中的大写字母 P 键均可执行粘贴功能。

在菜单中还可以看到有的命令前面有小图标,有的命令后面有省略号,有的命令后有 Ctrl + V 的字样,其作用如下:

(1)小图标表明该命令与工具栏中的某一个工具按钮相对应。

(2)有省略号的命令会打开一个对话框,而没有省略号的命令只能直接执行该命令,不会打开对话框。

(3)按下带下划线的大写字母可以执行该命令。

(4)"Ctrl + V"字样所对应的菜单命令是 Word2000 所指定的该菜单命令的快捷键,即用户不需打开菜单,只要直接操作该快捷键就能执行它所对应的功能。

(5)命令中的小三角符号表明该命令带有下级子菜单,只要将光标移到有小三角符号的命令上就会弹出一个子菜单,然后在子菜单中选择你所需要的命令,如图3.4所示。

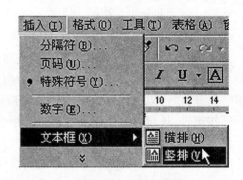

图 3.4　子菜单示意图

(二)对话框命令操作

已经知道在菜单中,单击有省略号的命令会打开一个对话框。对话框是从您所选的命令中得到更多信息的一种有效的人机对话方式。

当打开一个对话框后,您可以根据对话框中的提示信息进行设定。完成选择后单击"确定"按钮,就会确认所作的设定并执行对应的操作。如果想取消此次对话框的操作,则可单击"取消"按钮。例如,单击"工具"菜单中的"信封与标签"命令就可以打开如图 3.5 所示的"信封与标签"对话框。在这个对话框中,有的选项右侧有带下划线的字母,此时,您可以同时按下 Alt 键和该带下划线的字母来直接选择该项,也可以使用 Tab 键向后循环选择或使用 Shift + Tab 组合键向前循环选择对话框中的选项。

对话框由许多元素组成,不同的元素有不同的操作方法。下面介绍几种常见的对话框元素及其操作方法。

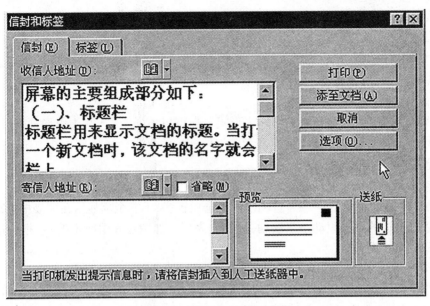

图 3.5　"信封与标签"对话框

1. 按钮

对话框中的每一组单选按钮都是对立的,用户只能从中选择一个选项,而且必须选中其中的一个。如图 3.6 中所示的"输入窗口类型"与"输入窗口位置"都是一组单选按钮。

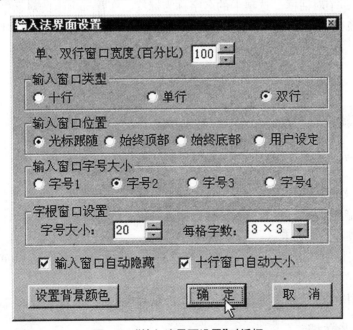

图 3.6　"输入法界面设置"对话框

2. 复选框

复选框显示各个选项命令是开还是关。与单选按钮不同,每个复选框中的选项都是独立的,单击它就可切换开或关的状态。用户可以同时选中多个复选框,也可同时一个都不选。如图 3.6 中所示的"窗口自动隐藏"和"十行窗口自动大小"就是一个复选框。

3. 文本框

文本框用来控制、接收您键入的正文,某些文本框也可让您在工作表中拖动指定的工作表区。

4. 微调控制项

微调控制项是一种方便的数字输入形式。您可以单击上、下箭头以增加或减少编辑框中的数值,同时,您也可以直接用键盘向编辑框中输入数值。如图 3.6 中所示的"字根窗口设置"中的"字号大小"设置。

5. 下拉式框

下拉式列表框中包含一列可选项。若可选项较多,不能全部显示在列表框中时,可以使用列表框右边的垂直滚动条米滚动,选择列表项。如图 3.6 中所示的"字根窗口设置"中的"每格字数"设置。

6. 命令按钮

命令按钮可以用来控制对话框,对话框中许多属性的设置都要通过命令按钮才能达到目的。另外,在大多数对话框中都有"确定"、"取消"或者"关闭"按钮,在对话框中完成设置后,通常都要通过这几个按钮来达到最终目的。

7. 选项卡和标签

为了更有效地利用屏幕空间,Word2000 把相关的选项放在了一张选项卡上,由多个选项卡组成了一个对话框。选项卡的名字称为标签。在含选项卡的对话框中单击不同的标签,即可切换到相应的选项卡上。如图 3.5 中左上角表示的信封与标签所示。

第二节　文档的创建与打开

一、创建新文档

若需要建立一个新文档,就得利用 Word2000 中的新建文档功能。新建文档的操作如下:

(1)单击"文件"菜单。

(2)单击"新建"命令,打开"新建"对话框。

(3)选择"常用"选项卡。

(4)在列表框中双击"空文档"图标就可以新建一个文档。当然,您也可以先选中"空文档"图标,再单击"确定"按钮。

选用"常用空文档"的快捷方法是直接单击工具栏中的"空文档"图标 ▯ 。

二、打开老文档

若需要打开以前保存的文档,可以单击"文件"菜单,然后选择菜单中的"打开"命令,这时会出现"打开"对话框,如图 3.7 所示。也可直接单击"常用"工具栏上的"打开"按钮或按下 Ctrl + O 组合键打开"打开"对话框。

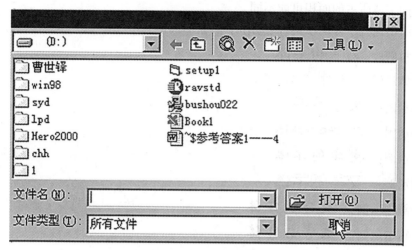

图 3.7　"打开"对话框

　　在"打开"对话框中,您可以在列表框中选择要打开文档所在的位置,或者在"文件和文件夹"列表框中选中需要打开的文件,最后单击"打开"按钮就可以打开文档。当然,您也可以直接在"文件名"文本框中键入所需打开文档的正确路径及文件名,然后按下回车键或单击"打开"按钮。

　　打开文档也可以一次打开多个。如果要选择连续的多个文档,则可以先单击选中第一个文件,然后按下 Shift 键再单击要选择的最后一个文件。如果选择不连续的多个文档,则在选中第一个文件后,应按下 Ctrl 键再单击其他的文档,选定了所有文件后,单击"打开"按钮就可打开所有选定的文档了。

第三节　字体及其设置

　　计算机中汉字字体最基本的有 4 种:宋体、仿宋体、楷体和黑体。宋体横竖分明、严肃大方,一般用于书刊、报纸和公文的正文部分。宋体是许多文字处理系统的默认字体,即若不作字体选择,系统按宋体输出。

　　仿宋体字形隽秀,也可用于公文正文部分。

　　楷体活泼流畅,一般用于书信,不用于特别正式的场合。例如,不适合作公文正文。

　　黑体浓重醒目,可做各种文书的标题。

　　此外,还有行楷、隶书、魏碑、圆幼、华文彩云、姚体、美术黑体等十几种。这些扩展的字体有很多用途,行楷、隶书、魏碑、琥珀、幼圆等被大量用在报刊的标题,可使栏目分明,版面活跃、美观。

　　应该指出,同一个汉字的同一种字体,除标准外,还可变长、变扁、变斜、变粗、变细等。它们统称为变形字。变形字使汉字形态丰富多彩。应该注意,变形字由于长宽比改变了,在版面上同一字号的字,标准形和变形字每行所占字数也就不同。

　　一般的文字处理系统还备有多种英文字体可供选用。要注意,在汉字中只要是标准字形,无论什么体,同一字号的每个字所占面积都是一样的;而英文字母则可能不同,同一字号中不同字体所占的面积可能不同。

下面给出这些字体的示例,供选用时参考。

宋体示例:　文字的字体

仿宋体示例:　文字的字体

楷体示例:　文字的字体

隶书示例:　文字的字体

魏碑示例:　文字的字体

幼圆示例:　文字的字体

方正舒体示例:　文字的字体

华文行楷示例:　文字的字体

华文彩云示例:　文字的字体

那么如何来设定这些字体呢? 其实也很简单,你可以在窗口中找到格式工具栏(如图 3.8),格式工具栏左边显示"宋体"的方框就是设置字体的,点击框中的 ▼ 就会弹出一个下拉式菜单,上面有许多字体可供选择,你只要选中后点击鼠标左键就可以了。

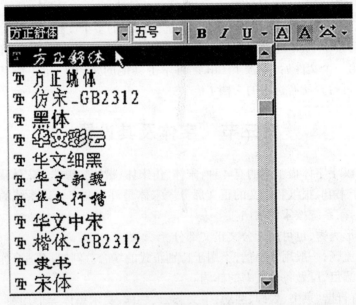

图 3.8　字体设置示意图

另外,也可利用快捷菜单,将光标放在编辑区,然后用单击鼠标右键的方式打开一个菜单,该菜单上有一个"字体"选项,点击该选项,就会弹出一个对话框,在该对话框中就能进行字体设置。

如果需要对某些字的字体进行修改,只要选中这些字,并按前述步骤进行设置就可以了。

此外,还有艺术字、三维立体字的设置,限于篇幅,这里不再赘述,可参考其他书籍。

第四节　字号及其设置

　　计算机中文字的大小常用汉字字号来表示,汉字字号从初号到八号共 16 种。常用的字号是初号、小初、一号、小一、二号、小二、三号、小三、四号、小四、五号、小五……由于字号不同,字的大小不同,所以每行或每页所能容纳的字数就不同。

　　五号字一般是默认字号,即若不对文本字号作标识,打印出来的就是五号字。五号字较小,只适用于作资料性办公文件用。

　　初号、小初、一号、小一号字适于作公文总标题;二号、小二、三号、小三号字适于作公文的次级标题;四号和小四号字适于作公文正文;五号字、小五号或六号字一般用于书刊和报纸的正文。

　　特大号字是对大字的总称,其实仍有大小差别,其点阵数最大可达 480 × 480 ~ 2400 × 3000。特大号字适于作广告和布告的标题、横幅标语等。

　　下面是几种字号的大小的示例,供选用时参考。

二号字示例：　文字的大小

三号字示例：　文字的大小

四号字示例：　文字的大小

五号字示例：　文字的大小

六号字示例：　文字的大小

　　那么,如何来设定这些字号呢? 其实也很简单,你可以在窗口中找到格式工具栏(如图 3.8),格式工具栏左边显示"五号"的方框就是设置字体大小用的,点击框中的 ▼ ,就会弹出一个下拉式菜单,上面有许多字号供你选择。你只要选中后点击鼠标左键就可以了。

　　同字体设置一样,也可利用快捷菜单,进行字体大小的设置。方法也是将光标放在编辑区,然后用单击鼠标右键的方式打开一个菜单,该菜单上有一个"字体"选项,点击该选项,就会弹出一个对话框,在该对话框中就能进行字的大小设置。

　　如果需要对某些字的字号进行修改,只要选中这些字,并按前述步骤进行设置就可以了。

第五节　文本的编辑

　　本节将文本编辑中常用的基本操作方法作一简单介绍。

一、字距与行距

(一)字间距

　　在文字编辑过程中我们有时会遇到需要改变字间距的情况,有两种方法可以改变它。一种是快捷方式,先选定要编辑的文字,然后单击鼠标右键,在弹出的菜单中点击"字体"

命令,就会弹出一个对话框,在出现的字体对话框中选择字符间距,就可对字符间距进行编辑,如图 3.9 所示。另一种是点击工具栏中的的"格式",再在下拉框中选择"字体"菜单,并在弹出的对话框中,选择字符间距,同样会弹出一个如图 3.9 所示的对话框。

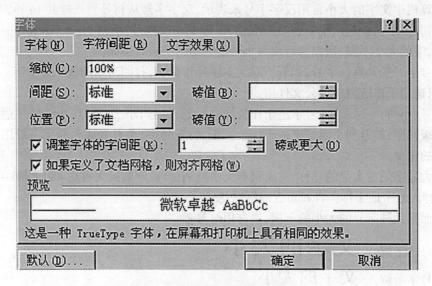

图 3.9 编辑字符间距对话框

(二)行间距

行间距指的是段落中行与行之间的距离。要改变行间距先要将光标到某段落中,单击"格式"菜单然后打开"段落"对话框,在该对话框的"间距"选项组中,在"行距"列表框中可以选择各种不同的行距,并在其后面的"设置值"框中设定各种行距的准确数字,如图3.10 所示。设置好数值后,单击"确定"按钮或按下回车键即可调整行间距。

二、段落

段落是指一个或多个连续主题的句子。当将一个段落作为排版对象进行处理时,段落又可看成是两个回车符之间的内容。对段落进行排版主要有三个方面的内容,即:对齐方式、缩进以及段落间距。

(一)对齐方式

Word2000 中文版提供了 5 种段落对齐方式:左对齐、两端对齐、居中、右对齐、分散对齐。实现这些操作通常也有三个途径。

(1)点击菜单栏中的"格式",在弹出的菜单中点击"段落"就会弹出一个如图 3.10 所示对话框,在对话框中点击对齐方式下拉框,选择给出的对齐方式。

(2)点击鼠标右键,就可弹出一个菜单,在弹出的菜单中点击"段落",也会弹出一个如图 3.10 所示的对话框,然后按照(1)中的方法,进行操作即可。

(3)通过用"格式"工具栏上的段落对齐方式工具按钮 ▤▤▤▤▤ 来实现。

Word 中默认的对齐方式即为左对齐方式。要进行多个段落的对齐,首先应选定段落,然后执行"格式"工具栏上的段落对齐命令。当只对一个段落进行对齐排版时,则不需要选中该段落,只要将光标置于该段落中即可。

(二)段落的缩进技术

段落的缩进就是指段落两侧与页边的距离。段落的缩进有 4 种形式,分别为首行缩进、悬挂缩进、左缩进与右缩进。

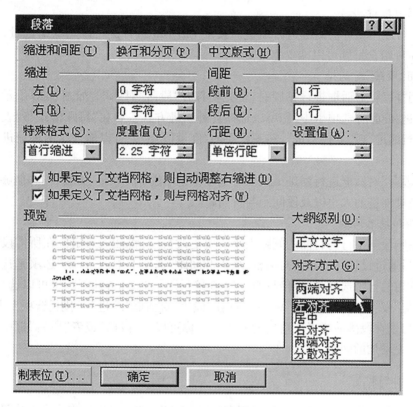

图 3.10　"段落"对话框

实现缩进有以下几种方式。

1.利用标尺缩进

(1)首行缩进。首行缩进就是将段落中的第一行字向右缩进一定的距离。在标尺左侧上方,有一个小三角的标记▽,该标记就是首行缩进符。若对某一段进行首行缩进,首先将光标放在该段内,再将鼠标移到该标记上,就会出现"首行缩进"标签。进行缩进时,您只要单击该标记并拖动鼠标向左或向右移动即可缩进段落的首行。

(2)悬挂缩进。悬挂缩进就是除段落的第一行缩进外,其余各行均向右缩进一定的距离。在标尺下方有一个左缩进标记△,同首行缩进一样,若对某一段进行悬挂缩进,首先将光标放在该段内,再将鼠标移到该标记中的三角部分,就会出现"悬挂缩进"标签。进行缩进时,您只要单击该标记并拖动鼠标向左或向右移动即可实现悬挂缩进。

(3)左缩进。是指段落左侧的所有行均向里缩进一定的距离。缩进时将鼠标移到左缩进标记符△中的方框部分,方法同上,单击并拖动即可。

(4)右缩进。是指段落右侧的所有行均向里缩进一定的距离。在标尺的右端有一个标记，此标记就是右缩进标记符，方法同上，单击并拖动即可。

　　2. 利用工具按钮

　　在"格式"工具栏右侧有两个工具按钮，分别为"减少缩进量"按钮和"增加缩进量"按钮，这两个按钮也是用来实现缩进的，使用时用鼠标左键点击所选按钮即可。

　　3. 利用快捷键

　　我们也可以用缩进快捷键进行缩进。按下 Ctrl + M 组合键可以增加缩进量，而按下 Ctrl + Shift + M 组合键则可以减少缩进量。

　　4. 利用"段落"对话框

　　当利用"段落"对话框进行排版时，首先要打开"段落"对话框，如图 3.10 所示。在对话框的"缩进和间距"选项卡中，您可以选择各种缩进方式。如在"特殊格式"列表框中可以选择"首行缩进"或"悬挂缩进"，在其后面的"度量值"框中可以输入这两种缩进的准确数字。

　　利用"段落"对话框进行缩进虽然没有拖动标记缩进那样快捷、方便，但却能够非常精确地调整各种缩进的大小以及段间距与行间距。

　　5. 行距和段落间距

　　行距影响段落中行与行间的间距大小。要更改行距，将插入点定位在所需段落中任何一处，然后通过设置在"段落"对话框"缩进和间距"选项卡中的"行距"选项来选择所需的行距。常用的行距选择是"单倍行距"、"1.5 倍行距"和"2 倍行距"。也可以选择"最小值"、"固定值"或者"多倍间距"。Word 允许在"段落"对话框"缩进和间距"选项卡上的"间距"区控制出现在段落前或者段落后的间距值。你可以在"段前"或者"段后"框中输入数字值以表明要增加的间距。

三、复制与粘贴

　　文字输入和编辑时，经常要用到复制和粘贴的操作，这样可以减少许多工作量。

　　在进行复制时，首先选定要复制的文本，然后在选定的文本中单击鼠标右键，就会弹出一个快捷菜单（见图 3.11），在菜单中选择"复制"命令。当然，也可以单击"编辑"菜单中的"复制"命令进行复制操作。

　　执行"复制"命令后，复制的文本就将保留在剪贴板中了，接着需要进行粘贴操作，才能达到复制的目的。粘贴时，先将光标移到需要粘贴的位置，单击鼠标右键，仍会弹出一个如图 3.11 所示的快捷菜单，在菜单中选择"粘贴"命令，就可以将文本粘贴到目的地。同样，按下"Ctrl + V"组合键也可达到粘贴的效果。执行"粘贴"命令后，在剪贴板中的内容不会消失，因此用户还可以进行多次粘贴。

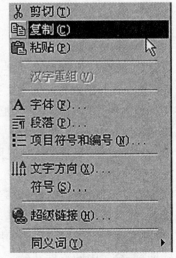

图 3.11　复制操作对话框(1)

另外,还可以用拖动方法来复制文本。在选定的文本中按下鼠标右键并拖动至放置文本的位置处释放鼠标,这时会弹出一个快捷菜单,如图 3.12 所示,单击快捷菜单中的"复制到此位置"命令,就可以复制文本到当前的位置。

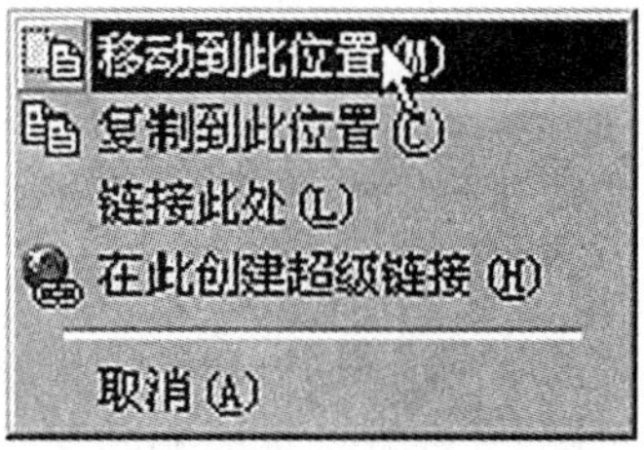

图 3.12　复制操作对话框(2)

四、插入与删除

在输入完一篇文章后,往往要对文章进行修改。所谓修改,就是要插入一些新内容,删除一些旧内容。这就需要掌握插入和删除的基本方法。

(一)插入

1. 插入文字

将鼠标移到需要插入的地方,然后直接输入文字即可。

2. 插入剪贴板内容

有时需要将其他文档中的句字或段落插入到本文档中来,这首先要按照上述复制的方法,将要插入的内容移到剪贴板中,再将鼠标移到需要插入的地方,点击鼠标右键,并在弹出的菜单中点击"粘贴"就可以了。

3. 插入特殊符号

在输入文档时,有时会碰到要插入一些键盘上无法找到的特殊符号,这时就需要使用 Word2000 中文版的符号插入功能了。

选择"插入"菜单中的"特殊符号"命令(如图 3.13),会看到一个"符号"对话框。在这个对话框里,可以选择所需要的符号,也可以打开"字体"下拉列表来选择合适的字符集。

寻访找到想要的符号后,选中此符号,然后单击"插入"按钮,该符号就被插入到了文档的当前光标所在位置了。另外,选中符号后,按回车键或者双击该符号也可以将它插入到文档中。一旦符号插入文档中,Word 就将它与一般下文内容一样对待,即您可以对它进行各种编辑操作,如复制、删除等。

4. 其他插入

点击菜单栏中的"插入(I)",就会弹出如图 3.13 所示的对话框,然后按照提示进行操作,就会插入你所需要的内容。限于篇幅,不再赘述。

(二)删除

一般来说,对于刚输入的文本,我们已知道了用"BackSpace"键来删除光标左侧的文本,用 Delete 键来删除光标右侧的文本。不过当要删除大段文字或多个段落时,这两种方法就不适用了,需要用其他的方法进行删除。主要介绍以下 3 种方法:

(1)按住鼠标左键拖动鼠标选定要删除的文本,然后单击"编辑"菜单中的"清除"命令;或者在选定文本后点击

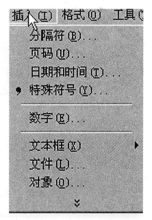

图 3.13　插入菜单

Delete 键。

(2)按着鼠标左键拖动鼠标选定要删除的文本,然后单击"编辑"菜单中的"剪切"命令;或者在选定文本后按"Ctrl + X"组合键。

(3)按着鼠标左键拖动鼠标选定要删除的文本,在选定要删除的文本中单击鼠标右键,打开快捷菜单,从菜单中选择"剪切"命令。

以上 3 种方法都能删除文档中的文本,但其中"剪切"命令与用"清除"命令删除的方法是不同的;用"清除"命令或按 Delete 键是将文本完全删除,不留一点痕迹;而用"剪切"命令或按下"Ctrl + X"键删除则是将删除文本移到剪贴板中,只是使之在文档中消失。

五、页面设置

当您在对文档编辑完以后,需要进行打印,在打印前您需要对文档的页面进行最后编辑,在 Word 中,页面设置的内容包括"纸型"、"页边距"、"版式"、"纸张来源"、"文档网格"等,在进行操作时你可以在文件菜单中点击"页面设置"或者将鼠标移到"标尺"栏上然后双击鼠标左键,就会弹出 如图 3.14 所示"页面设置"对话框,然后根据对话框中的提示通过单选按钮、复选框、下拉式框等,对选择项进行选择,设置完以后单击"确定"按钮,完成设置。

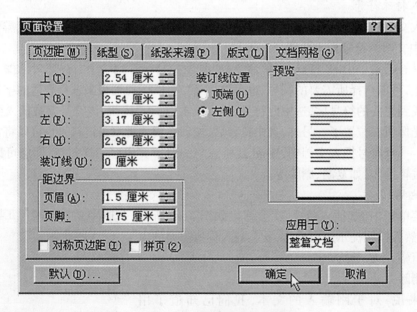

图 3.14 "页面设置"对话框

完成设置后,你可以点击工具栏中的 按钮,就可对页面进行预览。如果不满意,可重新进行设置,直至满意为止。

第六节 文档的保存与关闭

一、保存

当输入完文档内容后,就可以保存文档。只需选择"文件"菜单中的"保存"命令或"常用"工具栏上的"保存"按钮,就会弹出"另存为"对话框,如图 3.15 所示。该对话框中有多个组成部分,各个组成部分的作用如下:

(1)"文件名"。 文件名(N): 第二节 文本框用来输入欲保存的文档的名称(如"第二节"),这个名称由操作者自行定义。

(2)"保存类型"。 保存类型(T): Word 文档 列表框用来选择活动文档所需的文件格式。例如,您可以从此框中选择纯文本或其他格式来保存活动文档,也可以在此框中选择"HTML 文档"格式将文档存为 Web 页文档,或者选择要保存的文件夹与驱动器。

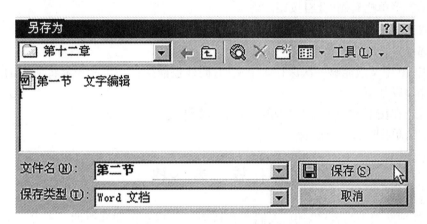

图 3.15 保存文档对话框

(3)"向上一级"。点击 按钮显示上一级的文件和文件夹。

(4)"新建文件夹"。点击 按钮用来创建新文件夹。

(5)"视图"。点击 按钮用来以各种不同方式显示文档。有"列表"、"细节"、"属性"和"预览"几种选择。

(6)"工具"。点击 工具(L) 按钮可弹出一个菜单,用来列出可用的指令,按照菜单上的选项,可选择并执行某项指令。如图 3.16 所示。

Word2000 中文版还提供了自动保存功能,就是每隔一段时间计算机将用户输入的文档自动保存一次。自动保存能够避免因停电、死机等意外事故发生而使您的工作付诸东流的烦恼。用户可以随意设定自动保

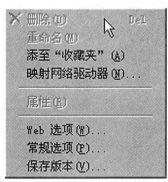

图 3.16 保存工具

存的时间间隔,即设定隔多久自动保存一次。设定自动保存时间间隔的操作如下:①单击"工具"菜单。②选择"选项"命令。③打开"保存"选项卡。④选中"自动保存时间间隔"复选框。⑤在"分钟"框中输入时间值。如不自己设定时间值,则 Word2000 默认的间隔为 10 分钟。⑥单击"确定"按钮。

这样,您就不必工作一段时间就去按一下 Ctrl + S 组合键或单击一下"保存"按钮了。当你要将文档另外制作一份副本时,可以用 Word2000 中的"另存为"命令将其另存一份。方法是选择"文件"菜单中的"另存为"命令打开"另存为"对话框,然后选择文件名及其存放位置即可。

二、关闭

当您将一个文本编辑并保存后,您就可进行其他工作或者休息,此时就要将这个文档关闭。

关闭文档与关闭应用程序窗口一样有许多方法,其中常用的有以下 3 种:

(1)单击菜单栏右侧的 ⊠ 按钮。

(2)双击菜单栏左侧的 图 图标。

(3)选择执行"文件"菜单下的"关闭"命令。

Word2000 中文版能够一次保存多个文档,同样也能执行一次命令就将所有的文档关闭,其操作步骤如下:

第一步,在按下 Shift 键的同时单击"文件"菜单。

第二步,单击"全部关闭"命令。

第七节　表　格

对字处理文档中的表格来说,人们一直认为是很难实现和修改的。不过,Word 的表格特性使插入含有各种文本或者图形的表格变成了一件简单的事情。

大纲也是 Word 中一个重要的辅助组织。Word 的自动列大纲特性使你能自动为标题编号,并基于大纲标题创建目录。

一、Word 表格

表格是以行和列的形式排列的一组信息,如图 3.17 所示。表格有两个以上的列和一个以上的行。每个行和列的交叉部分称为表格的一个单元格。如果你对画电子表格(如 Excel)比较熟悉,那么对单元格的概念就应该比较容易理解。

在 Word 的表格特性出现之前,人们一般通过使用制表位或者缩进段落来创建表格。虽然这种方法也可以,但它非常麻烦和笨拙。而比较来说,Word 的表格特性创建了一组单元格,这组单元格可以随着所有需要的文本或者图形而扩展。仅有的限制是表格的大小,即单个单元格不能大于一页。你可以重新调整列和单元格的大小,还可以增加行、列和单元格。

Word 还提供了一些实用的命令,使得编辑表格时更加容易。总之,Word 的表格特性是创建表格的最佳方法。

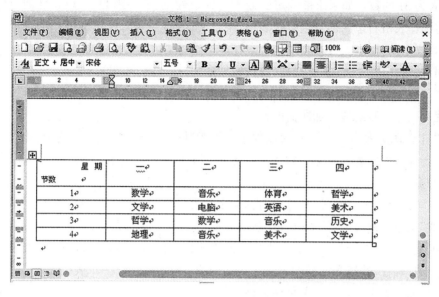

图 3.17 一个样板表格

二、创建表格

你可以通过选择"表格"→"插入"→"表格"或者单击常用工具栏上的"插入表格"按钮,将表格增加到文档中。当你选择"插入"命令再选择"表格"选项后,"插入表格"对话框就会出现,如图 3.18 所示。

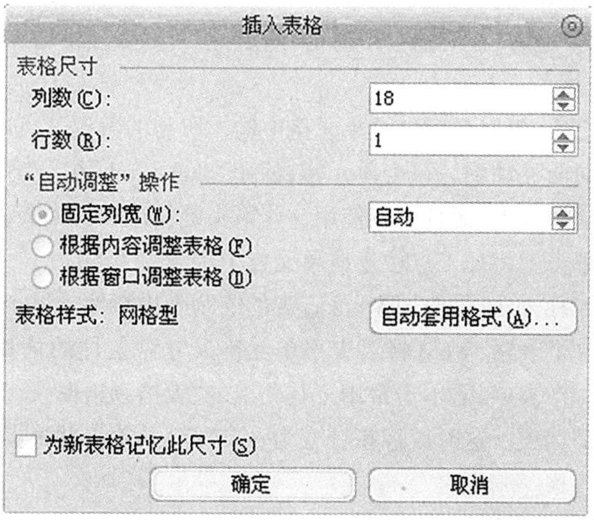

图 3.18 "插入表格"对话框

在"列数"文本框中,输入所需的表格列数。Word建议的列数为2,而你可以输入任何一个最大为31的数。如果不能确定要输入多少个列,也不要担心,可以在任何时候增加列,只需选择表格右边的列,然后从"表格"菜单中选择"插入",再选择"列"命令或者单击常用工具栏中的"插入列"按钮(当插入点在表格里时,工具栏上的"插入表格"按钮就变为"插入列"按钮。当一个列被选择后,该按钮就变为"插入列"按钮)。

在"行数"文本框中,输入所需的表格行数。要记住,通过选择"表格"→"插入"→"行",就可以非常容易地增加所需的行。

在"自动适应"操作"区中,你可以保留设置为"固定列宽"的"自动"选项,该设置是默认项,或者你也可以为列的宽度输入一个十进制数值。如果你使用"自动",Word将使所有的列等宽。

大家可能已经注意到了,在这个对话框中含有一个"自动套用格式"按钮。"表格自动套用格式"指导你通过一系列对话框,从而帮助你确定所需的表格,然后该向导将表格增加到你的文档中。对于创建具有令人满意的格式化的标准表格来说,使用"表格自动套用格式"是一种轻松、快捷和容易的方法。可以按照下列步骤创建一个表格:

(1)将插入点定位在文档要创建表格的位置。

(2)选择"表格"→"插入"→"表格"或者单击常用工具栏上的"插入表格"按钮。

(3)在"列数"文本框中输入所需的列数,并在"行数"文本框中输入所需的行数。

(4)在"'自动适应'操作区"的"固定列宽"列表中输入所需的列宽(或者接受默认的"自动"选项)。

(5)如果你要将边框或者其他格式增加到其中,就单击对话框中的"自动套用格式"按钮。在"表格自动套用格式"对话框中,可以为图表在一个很宽的范围内选择效果。可以将预先确定的线、边框和底纹应用于表格不同的部分。

(6)当完成了选择之后,在对话框中单击"确定"按钮就将表格增加到插入点所在的位置。

在创建了表格之后,可以在每一个单元格中输入所需的数据。可以使用"Tab"键在表格中从一个单元格向前移动到另一个单元格;使用"Shift + Tab"组合键向后移动。箭头键也可以在表格中移动插入点,而且可以使用这些箭头键移进和移出表格。使用鼠标时,在任何一个单元格中单击就将插入点位于该单元格中。

创建表格的第二种方法,是使用Word直观的绘制表格特性。这个特性实际上让你用鼠标在文档中绘制一个表格,Word将对表格单元格尺寸做最佳的估算。要使用Word的绘制表格特性创建一个表格,需单击常用工具栏上的"表格和边框"按钮,或者从"表格"菜单中选择"绘制表格"选项。这时鼠标指针变为一支"笔"。单击并拖曳"笔"就可以按照你想要的样子来绘制表格。

1. 使用鼠标在表格内移动

使用鼠标在表格内移动时,其方法与在正常文本中移动时相同。将鼠标指向你想让插入点出现的地方并单击。另外,表格为鼠标的使用提供了特殊的区域。在每一个单元格的左边缘就是一个选择条,在这个区域里鼠标指针将变为一个指向右上方的箭头。如果当鼠标指针的形状变为这种箭头时单击单元格的缘,那么就将选择整个单元格。也可以双击任何一个单元格的选择条来选择表格的整个行。还可以单击并拖曳通过单元格界线来选择一组单元格。

在表格的顶端是一个列选择区域。如果将鼠标指针放到表格顶端的边框处,指针将变为一个下指箭头的形状,这就说明是处于列选择模式。如果在鼠标指针变为下指箭头的形状时单击,就将选择指针下方的整个列。

使用鼠标可以容易地选择行和列,当你需要模式化表格一部分时,这种技术就很方便。你可以选择所需的单元格、行或列,然后根据需要使用"格式"→"字体"和"格式"→"段落"来格式化所选单元格中的文本。

2.使用键盘在表格内移动

要在表格里从一个单元格移动到另一个单元格,可以用鼠标单击所需的单元格,或者使用"Tab"键(通过单元格向前移动)或"Shift + Tab"组合键(向后移动)。在单独一个单元格中,你可以使用与在任何一个 Word 文档中移动时使用的相同键。

如果当插入点在表格的最后一个单元格时按"Tab"键,将自动增加一个新行,Word 将插入点定位新行的第一个单元格中。你可以通过选择"表格"→"插入"→"行"或者单击常用工具栏上的"插入行"按钮来增加新行。但使用"Tab"健来增加新行更容易些。

三、编辑表格

在创建了表格、增加了文本之后,你可以用多种方法对其进行编辑。可以增加或者删除列和行、合并多个单元格的信息,以及将表格分隔为几部分。

在编辑一个表格之前,必须学会如何选择表格中的单元格。要选择表格中的单元格,可以使用用于正常文本的相同选择方法。简单地说,就是使用鼠标单击并拖曳通过一个单元格或者多个单元格,或者在使用箭头键的同时按住"Shift"键。在选择的时候,当你移动插入点拖曳移动通过单元格时,整个单元格就被选择。

(一)插入和删除单元格

当你需要从表格中删除行、列或单元格时,首先选择你要删除的单元格,然后选择"表格"→"删除"→"单元格",即打开"删除单元格"对话框(见图 3.19),允许你在删除之后将单元格向左移动、向上移动或者删除整个行或列。

你可以使用插入单元格命令来插入一个或者一组单元格。首先选择一个你要紧挨其插入单元格或单元格组的单元格,然后选择"表格"→"插入"→"单元格",或者单击常用工具栏上的"插入单元格"按钮。在"插入单元格"对话框(见图 3.20)中,将询问你是否要插入一行单元格或是否单元格增加到表格后移动单元格。

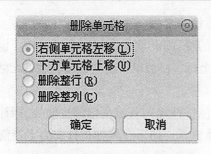 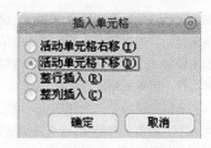

图 3.19　"删除单元格"对话框　　　　图 3.20　"插入单元格"对话框

　　插入或删除如何影响表格取决于你删除或增加的内容以及是选择水平还是垂直移动单元格。

　　如果你选择一个单元格或者一组单元格而不是整个行,接着选择"表格"→"插入"→"单元格",然后在对话框中选择"向左移动单元格",那么新的单元格或者单元格组就被插入到所选的位置,现有的单元格向右移动。

　　如果你选择了一个单元格或者一组单元格(不是整个行),选择"表格"→"插入"→"单元格",然后选择对话框中的"向下移动单元格",那么新的单元格或者单元格组将插入到所选的位置,现有的单元格向下移动。

　　如果你选择了一个单元格或者一组单元格(不是整个行)并选择"表格"→"删除"→"单元格",此时也让你选择向上或向左移动单元格。

　　(二)合并单元格

　　有时,可能需要将信息从一组单元格合并到一个单元格中。这时你可以将一组水平方向相邻的单元格合并为一个单元格。首选选择要合并的单元格,然后选择"表格"→"合并单元格"。

　　(三)拆分表格

　　你可以在任何行之间的一点将表格水平拆分。当选择"表格"→"拆分表格"时,表格就在插入点拆分为两个(你也可以使用"Ctrl + Shift + Enter"组合键来拆分一个表格)。在你需要将一个表格分组的情况下这个选项就非常有用。拆分表格可以使得组更清楚。

四、格式化表格

　　在 Word 中,可以格式化表格的内容(通常是文本),还可以格式化表格本身。

　　如果要格式化表格本身(而不是它的内容),就使用"表格"→"表格自动套用格式"以便打开"表格自动套用格式"对话框(见图 3.21)。在这个对话框中,可以看到能应用于表格的各种格式化选择。选择你要使用的一种格式化并通过单击所要的复选框来选择要应用格式化的区域。预览框使你能够看到在应用了格式化之后表格的样子。当在对话框中完成了选择之后,单击"确定"按钮就将格式化应用于表格了。

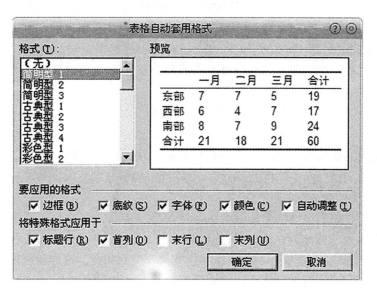

图 3.21　"表格自动套用格式"对话框

（一）设置列宽

　　选择"表格"→"表格属性"，然后从出现的"表格属性"对话框中选择"单元格"选项卡（见图 3.22），在这里可以确定表格一个单元格或者多个单元格的宽度。在对话框的"行"选项卡中，可以更改行的高度、从左边的缩进和对齐方式。你也可以告诉 Word 是否允许行越过页面的末尾而分隔。在"列"选项卡中，可以设置列的宽度和列之间的间距。

图 3.22　"表格属性"对话框的"单元格"选项卡

将鼠标指针放在单元格或者列的网络线上也可以调节列和单元格的宽度。当指针放在网络线上时,变为一个双向箭头,你可以单击并拖曳鼠标到所需的宽度。

在调节了列宽之后,在被调节列的右边所有的列将根据它们以前的宽度按比例重新调整,但当你拖曳网络线或者列标记时表格的整个宽度不改变。下面所列内容包含了用于调节当前列的一些操作选项:

(1)若要调节当前列及其右边的一列(整个表格宽度保持不变),需在拖曳的同时按住"Shift"键。

(2)要调节当前列并使其右边的所有列都等宽,需在拖曳的同时按住"Ctrl"键。

(3)要调节当前列而不改变其他列的宽度(整个表格宽度将改变),需在拖曳的同时按住"Ctrl"键和"Shift"键。

有时,使用绘制表格特性来创建表格常常使单元格或者列的高度不相同。如果发现这种情况,就需要从"表格"菜单中选择"自动适应"选项下的"平均分布各行"或者"平均分布各列"来作调节,这些选项将以一个平均尺寸来调整列和行。这样就使得绘制的表格有一个更精制的外观,尤其是在徒手绘制表格的情况下。

(二)调节行高

若要设置行的高度,要选择"表格"→"表格属性",并单击对话框中的"行"选项卡。使用"行高"列表框来设置一行或多行的最小高度,在默认情况下,该设置为"自动",意思就是行的高度足以在该行中放下文本。如果从"行高"列表框中选择"最小值"选项,Word 将使行具有至少是你输入文本的高度,如果单元格中的任何文本大于最小高度,Word 将根据需要增加行的高度以容纳该文本。也可以从列表框中选择"固定值"选项,这将使单元格精确地具有在框中所输入的高度。

若要将缩进增加到单元格,需要击"行"选项卡上的"左缩进"框。这样该行将从左页面边界按照你输入的十进制数值缩进。例如,如果你输入 0.5in,那么该行将从左面边界缩进 1/2 英寸。你也可以输入一个负值而使该行超过左边界向左边移动。如果要将缩进应用于一行,就需要在打开对话框之前选择该行整行或者只选其中的一个单元格。然后,在"表格属性"对话框的"行"选项卡上完成你的各项设置之后,它们就会被应用于整个行。如果你不先做选择,则所做的更改就被应用于整个表格。

若要相对于页面边界确定行对齐方式,需从"行"选项卡的"对齐方式"区中的"左对齐"、"居中"或"右对齐"选项中做选择。这些选项与由"格式"→"段落"而调出的段落对话框中的选项相类似。就像在段落中的情况一样,你可以在一页上水平地左对齐、居中或右对齐行。默认情况下,被选的行都是左对齐的,即行的左边缘与页面的左边界对齐(假设没有设定缩进)。选择"居中"将居中该行,而选择"右对齐"将使该行的右边缘与页面的右边界对齐。

若要使"行对齐方式"选项有明显的效果,表格必须小于页面边界的宽度。如果在创建表格时使用"插入表格"对话框中的默认选项,那么该表格的宽度就与页面边界的一样宽,这时选择一个对齐方式选项将没有明显的效果。当你以自己的宽度来确定表格列的宽度而不是让 Word 自动为表格尺寸时,对齐方式选项才有用。

调节对话框中的"行对齐方式"选项是移动整个行的水平位置,而不是行内的文本。

例如,如果你从"对齐方式"区中选择"居中"选项,Word 将在页边界内居中该行,而单元格中的文本将不被居中。如果你要左对齐、居中或右对齐单元格内的文本,必须选择所需的文本,然后使用"格式"→"段落"命令中的"对齐方式"选项(或者格式工具栏上的一个对齐方式按钮)。

如果不选择任何文本而应用文本对齐,则所选择的对齐将应用于含有插入点的单元格。若要将对齐方式应用于当前行,需选择该行,然后点击格式工具栏上的一个对齐方式按钮。

(三)应用边框

可以使用"边框和底纹"对话框中的各种选项将边框设置在表格中一个单元格或者一组单元格的周围。选择一个或者多个单元格并通过选择"格式"→"边框和底纹"来打开该对话框(见图 3.23),同时要使插入点位于表格中。通过使用这个对话框插入的边框将被打印出来,而不像表格的网格线(在默认情况下网格线是可见的)。你所设定的边框被直接增加到表格网格线的上面。

Word 如何应用边框取决于在"边框和底纹"对话框中所做的选择。就像该对话框中的其他选项一样,Word 根据你在选择的单元格或者单元格组来应用边框和底纹。从"边框和底纹"工具栏中,你也可以选择"线型"列表框。在选择了该列表框后,将给出一个线型的选择列表,其中的线型可以用于已创建的表格。在选择了线型之后,光标变为一支铅笔。这时只需在要改变线型的线上简单地划一下,Word 就会将该线型应用到该线上。如果在应用了一种线型后你不喜欢,那么就简单地单击"撤销"按钮,该线型就被删除了。

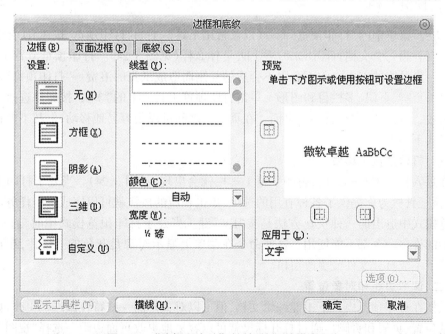

图 3.23 "边框和底纹"对话框的"边框"选项卡

可以使用"表格"→"表格自动套用格式"来为表格增加边框和底纹。当选择了这个命令,Word 给出一个用于底纹和边框的各种格式列表(见本章前面"格式化表格"一节)。在

"表格自动套用格式"对话框中选择所要的格式并单击"确定"按钮即可。

除了确定边框的样式之外,Word 允许你选择不同类型的边框。在你从"边框和底纹"对话框中选择了所要的选项"上"、"下"、"左"或"右"之后,你可以选择所要的边框样式以及边框的颜色。

第八节　打印与预览文档

本段详细描述了如何打印文档以及如何在打印之前先预览文档。Word 打印功能可以选择要打印的范围,可以一次打印多份,可以对版面进行缩放,可以逆序打印,可以只打印奇数页或偶数页,也可以把文档输出到一个文件中。

一、后台打印

如果在你的计算机上连接有一台打印机,那么你就可以打印 Word 中的任何一个文档,只需执行如下简单的操作:用鼠标单击常用工具栏上的"打印"按钮。当你打开任何一个文档并单击"打印"按钮时,Word 将向打印机输送一份文档的副本。当文档由内建的 Windows 进行打印机管理器处理时,Word 中的状态栏就会显示打印处理过程。在默认情况下,Word 是以后台方式打印并且在磁盘上生成被打印文档的一个图像,当打印机准备好接受数据时,该图像就被输入到打印机。

二、预览文档

"文件"菜单中的"打印预览"命令(以及常用工具栏上的"打印预览"按钮)使你能够在屏幕上查看当一个文档打印出来时看上去是什么样(见图 3.24)。打印预览节省了材料:在打印一份最终的副本之前不会因不合适的复制而造成纸张的浪费。"打印预览"显示脚注、页眉、页脚、页码、多栏目和图形。单击打印预览工具栏上的"多页"按钮并选择一次要看的页数,就可以一次查看多个页面。在页与页之间可以很容易地移动,但却不能在打印预览模式下编辑文档。

(一)打印预览工具栏

在进入打印预览模式后,打印预览工具栏就会出现(见图 3.24)。当处于打印预览模式时,该工具栏为你提供了各种有用的选项,单击相应的按钮就可以完成一个任务。从打印预览模式中退出的一种快速方法是按"Esc"键。当处于打印预览模式中时,通常 Word 菜单中的许多命令都不能使用。这些命令在菜单上显示时都是灰色的。记住,在打印预览模式下不能打开文件或更改窗口。

(二)调节边距和对象位置

虽然在打印预览模式下不能编辑文档,但可以对文档的一些特性做一些更改,如页面边距的位置、页眉和页脚。通过打开标尺就可以容易地更改页面边距。选择"视图"→"标尺"(提示:如果在整页视图中,将鼠标移动到屏幕的顶部就会调出来菜单选项),然后通过单击"放大镜"图标来选择文本。单击并拖曳鼠标以便将要选择的文本加亮。现在,移动标尺上的三角直到文档具有你所要的外观为止。在打印预览模式下也可以使用单击和拖

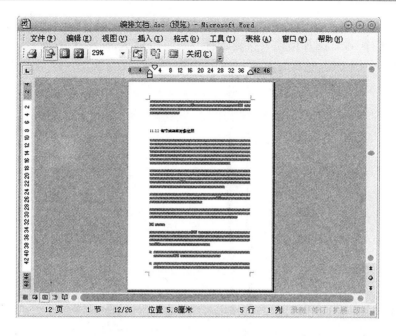

图 3.24 出现在打印预览窗口中的文档

曳技术在文档中移动图形。不要忘了你也可以右击加亮的文本来查看一个快捷菜单,该菜单允许剪切、粘贴、更改文字、增加段落修正、增加项目符号和编号以及绘制表格等。

如果将一个对象例如一张图片插入到文档中,就需要为它创建一个图文档以便在打印预览中能够拖曳它到任何一个位置。要在打印预览中装配该图片,首先单击"放大镜"按钮以关闭放大镜,然后右击你要装配的图片。从出现的快捷菜单中选择"设置图片格式",接着从"设置图片格式"对话框(如图 3.25 所示)中选择"颜色和线条"选项卡,并选择所需的图文框框线的类型。当你完成这些操作后,图文框将出现在图片的周围。

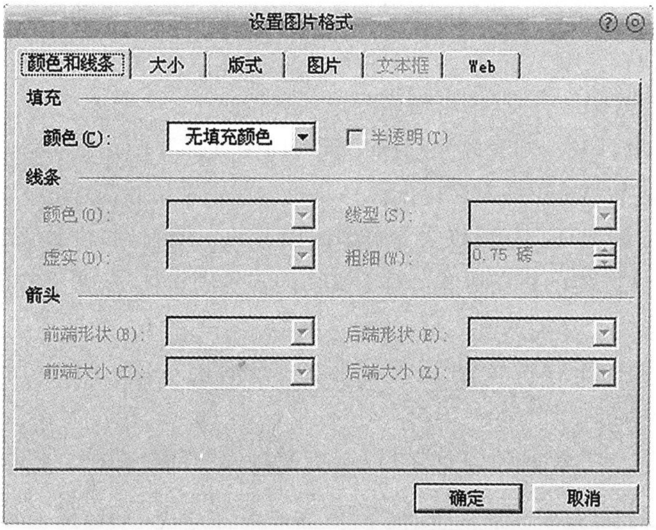

图 3.25 "设置图片格式"对话框"颜色和线条"选项卡

如果文本没有包围在图文框周围,说明"文本环绕"特性没有打开。右击图文框并从快捷菜单中选择"设置图片格式",接着选择"版式"选项卡,如图 3.26 所示。从示意图中选择所需要的包围类型,这样文本就相应地包围起来。

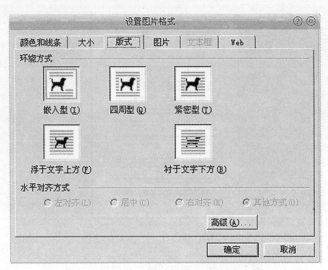

图 3.26 "设置图片格式"对话框"版式"选项卡

你可以从"版式"选项卡中选择"高级"按钮使用"文字环绕"选项卡中的"距正文"部分来控制文本与图片之间的距离。该选项卡的这个部分使你能够调节与图片所有边的距离,只需简单地调节"距正文"部分中"上"、"下"、"左"和"右"框中的数字即可。

三、打印文档

任何字处理程序都允许打印文档,但 Word 的选择更多:可以打印所选的部分文档;一个文档的多份副本;其他与文档相关的信息如摘要信息、批注、自动图文集项或样式表格等。通过选择"文件"→"打印"就可以打印文档,选择了该命令之后"打印"对话框出现,如图 3.27 所示。在"打印"对话框中可使用的选项有:

(1)打印机。"打印机"列表框允许你从所列项中选择要使用的打印机作为默认打印机。在做了选择之后,Word 将为你提供该打印机的状态和位置。

(2)副本。在"副本"区,你可以将要打印的副本数量输入到"份数"列表框中(默认值是 1)。该区也允许你装订整理副本。对于文档的多份副本情况,当选择了"逐份打印"选项时,Word 将打印每个文档的所有页,然后再继续打印另一套(如果不选择该项,Word 就会打印第 1 页所需的所有副本,紧跟着是第 2 页所有副本、第 3 页的所有副本,如此等等)。

(3)页面范围。在"页面范围"区,可以选择应打印的部分文档。要打印整个文档,选择"全部";打印挑选的文本,选择"选定的内容";只打印当前页,选择"当前页";要打印文档被选的页面,就选择要打印的"页码范围"。

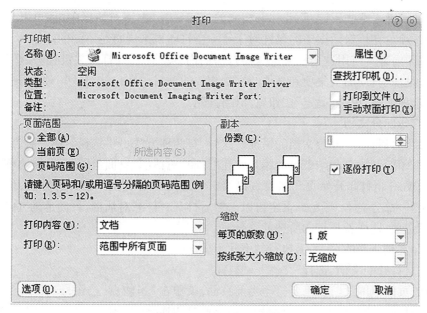

图 3.27 "打印"对话框

使用连字符插入到开始和结束页面之间就可以打印许多页面。例如,在"页码范围"框中输入"7 – 12",将打印第 7 页至第 12 页。你可以用逗号将数字分开来打印个别的页。例如,在框中输入 3,5,8,10 – 12,将打印第 3、第 5、第 8 页和第 10 页至第 12 页。

(4)打印。在"打印"列表框中,可选择"所选页面"来打印所选打印范围(即在打印对话框的"页面范围"区中所做的选择)内所有页,也可以选择只打印该范围的奇数页或偶数页。

(5)选项。单击"选项"按钮将显示与打印相关的其他选项。

(6)属性。"属性"按钮将打开"打印机属性"对话框,如图 3.28 所示(该图中的对话框

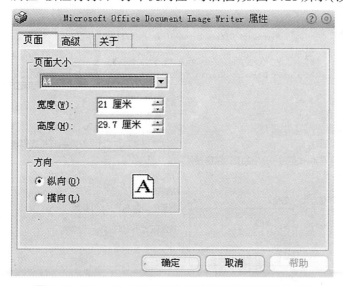

图 3.28 Epson LQ-1600K 打印机的"打印机属性"对话框

可能与你的看上去有些不同,除非你有相同的打印机)。在该对话框中,你可以为打印机设置各种选项。在该对话框中的属性对于每一台打印机来说将是不同的。

(7)打印内容。使用这个框来选择要打印的内容。你可以打印关键任务、样式表格、摘要信息、批注、自动图文集项和其他与文档相关的项目。在你从"打印"对话框中选择了所需要的选项之后,单击"确定"按钮就开始打印。

(一)打印部分文档

你会碰到只打印一部分文档的情况。这时,有两种方法可供选择。第一种方法,你可以选择要打印的开始页和结束页的编号并在"打印"对话框"页面范围"区的文本框中输入这些页码,Word将打印开始页和结束页以及它们之间的所有页。第二种方法,你可以先用鼠标选择一部分文本,不足一页也可以。然后打开"打印"对话框"页面范围"区中的"选定的内容"选项,这样就只打印所选的部分。

要打印文档所选的页面,需执行如下几步操作:

(1)针对打开的文档,选择"文件"→"打印"。

(2)在"页面范围"区,如果要打印当前页面,就单击"当前页"按钮,或者单击"页码范围"按钮并且输入要打印的开始页编号。如果要打印连续的页码,就用一个连字符隔开它们。不连续的页码应该用逗号分开。

(3)单击"确定"按钮。该文档所选的页面就会打印出来。

若要打印选择的文本,需执行下面几步操作:①用平时选择文本的方法来选择要打印的文本。②对于打开的文档,选择"文件"→"打印"。③单击"选定的内容"按钮。④单击"确定"按钮就会打印所选的文本。

(二)打印除文档外的内容

要打印文档本身以外其他一些内容,需单击"打印"对话框中"打印内容"列表框的下箭头来显示你可以打印的一列选项(见图3.29)。如果选择"文档"(默认选项),Word就打

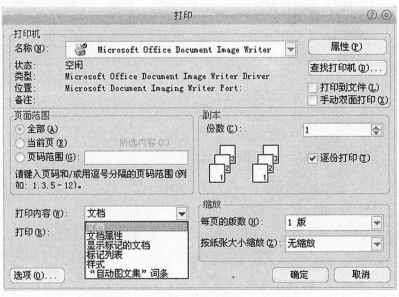

图3.29 "打印"对话框中"打印内容"列表框

印该文档。如果选择"批注"，Word 将打印所有存储在文档中的批注。如果选择"样式"，Word 就将打印文档的样式表格。如果选择"按键指定方案"，Word 将打印分配给宏和键的名称。

可以在打印文档的同时打印摘要信息或者批注。有关如何同时打印这些项目的更多信息见本章后面的"打印选项"。

(三)横向打印

有时，可能要横向打印文档。这种技术对于很宽的文档特别有用，例如那些含有数字表格或者含有图像的文档。如果你的打印机支持风景画打印，就可以使用横向容易地打印文档。

要横向打印一个文档，需选择"文件"→"页面设置"并单击"页面设置"对话框的"纸型"选项卡。在"方向"区，单击"横向"按钮，然后单击"确定"按钮。现在，你就可以通过选择"文件"→"打印"来打印文档。如果在"页面调协"对话框中没有出现"横向"选项，那么就说明你的打印机不支持横向打印，这样你就不能在 Windows 下横向打印。当你完成了横向打印之后，一定要将纸张定向改回到通常的模式(纵向模式)。如果你不做更改，那么随后所有的打印都将是横向模式。要改回到纵向模式，需选择"文件"→"页面设置"并单击"纸型"选项卡，然后在对话框的"方向"区单击"纵向"单选按钮。

(四)打印文档的奇数页或偶数页

如果要正反两面打印，一般是先打印文档的奇数页，然后把纸放回到纸匣中，再打印文档的偶数页。若要只打印文档的奇数页或偶数页，可以选择"打印"框中的"奇数页"或"偶数页"。

(五)打印选项

在"打印"对话框中，你会发现其他的打印选项。这些选项使你能够包括文档的批注或摘要信息、以相反的次序打印或者打印文档的草稿版本。若要使用这些选择，需选择"文件"→"打印"命令，并单击"选项"按钮。这时，"选项"对话框出现，其中的"打印"选项卡也被激活。要选择所需的任何选项，需单击该选项或者按"Alt"键同时按该选项名字中带下划线的字母。

(六)更改打印机设置

利用"文件"→"打印"，Word 可以方便地访问 Windows 的打印机设置。你可以从各种打印机当中选择一种作为默认打印机。打印对话框允许你在名称列表框中选择一台已安装到 Windows 下的打印机，但你不能用该对话框来选择一台还没有安装到 Windows 下的打印机。

一次只能有一台打印机可以使用同一个接口(打印机端口)。如果要更改打印机并使新的打印机连接到同一个打印机端口上，就必须使用控制面板来更改打印机接口。为了更改设置，需从"开始"菜单中选择"设置"，然后选择"控制面板"。接着双击"打印机"图标，右击你要更改端口的打印机，然后快捷菜单中选择"属性"并选择"详细资料"选项卡。在这个选项卡中，你可以为打印机更改端口。

如果你只想更改打印机,那么对于已经安装的打印机来说,可以从打印对话框中来做到这一点。首先选择"文件"→"打印",接着在"打印"对话框中单击"名称"列表框中的箭头以打开可用的打印机菜单。从中选择所要的打印机,然后单击"确定"按钮就可以打印文档。如果单击"打印"对话框中的"属性"按钮,将会看到有关新打印机的打印选项。显示的是"纸张"选项卡,该选项卡显示了一台 Epson LQ – 1600K 打印机的一些打印选项。

如果你正在使用一台采用字体库的激光打印机,那么你就可以从"打印设置"对话框的一个列表框中选择字体。

(七)打印信封

Word 具有信封打印特性,这种特性使得打印信封变成一种非常简单的工作。选择"工具"→"信封和标签"以打开"信封和标签"对话框(见图 3.30)。在这个对话框中的两个文本框中可以输入"收信人地址"和"寄信人地址"。在"寄信人地址"文本框中,Word 在默认情况下输入储存在"选项"对话框的"用户信息"选项卡下的名称。如果要更改正在打印的信封种类,单击"预览"窗口中的信封,或者单击"选项 "按钮以打开"信封选项"对话框,如图 3.31 所示。

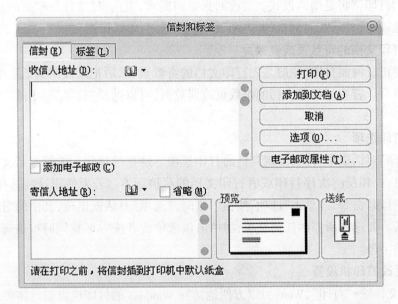

图 3.30 　"信封和标签"对话框

"信封选项"对话框含有两个选项卡。"信封选项"选项卡允许你更改要打印的信封种类、格式化投递地址和回信地址以及控制信封上文本的位置。"信封选项"对话框的"打印选项"选项卡允许你控制信封打印的方式(见图 3.32)。你可以选择水平或垂直供纸方法,还可以更改信封被输送到打印机的方式,可以使用手工供纸盒、上供纸盒或下供纸盒等。在做完所有格式化更改并确定了信封的尺寸之后,你就可以准备好打印信封了。单击"信封和标签"对话框中的"打印"按钮,便可以打印你的信封。

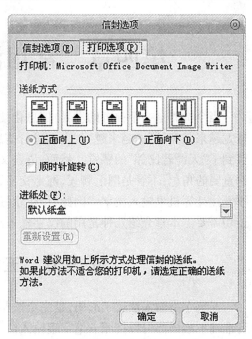

图 3.31　"信封选项"对话框　　　　图 3.32　"信封选项"对话框的"打印选项"选项卡

第四章　常用汉语输入法综述

当今世界是一个神奇的世界,信息化技术、数字化技术改变了世界的面貌,宽带网的带宽越来越宽,网速越来越高,人们进行信息交流越来越方便,越来越快捷,使人们真正体会到了"天涯若比邻"的感觉。然而,语言文字作为信息的载体,在互联网时代扮演着越来越重要的角色,不管是网上聊天、网上交易,还是发送 E-mail、制作网页、发布信息等,都离不开往计算机里输入文字。因此,尽快学好一种汉字输入方法,是时代发展对每一个人的迫切需要。本章介绍几种常用的汉字输入法,供大家选用。

第一节　五笔字型输入法

五笔字型输入法属于形码,是完全按照字的构件进行编码的,不管使用者对汉字的读音准确不准确都可以按照五笔字型输入法的规则输入汉字。五笔字型输入法包括 86 版和 98 版两个版本,由于 86 版本使用比较广泛,故本书仍以 86 版本为准来介绍。

一、五笔字型编码基础

汉字的组成可划分为 3 个层次:笔画、字元和整字。为了能够使用标准键盘方便地将汉字输入计算机,五笔字型把汉字的笔画归纳为 5 种,用 5 种笔画组成结构相对不变的 130 个字根(即字元)。字根按一定的位置关系拼合起来就构成了汉字,五笔字型方案的基本出发点之一,是遵从人们的习惯书写顺序,以字根为单位来组字、编码、拼形输入汉字的。

(一)汉字的 5 种笔画

五笔字型规定:书写汉字时,一次连续不断写成的一个线段称为汉字的笔画。它以楷书和国家标准字型(简体)为依据,且只考虑笔画的运笔方向,而不计其长短轻重。这样可以把汉字笔画分为:横、竖、撇、捺、折 5 种,依次编号为 1、2、3、4、5。如表 4.1 所示。

表 4.1　汉字的 5 种笔画

代号	笔画名称	笔画走向	笔画及其变形
1	横	左→右	一 ╱
2	竖	上→下	┃ ╽
3	撇	右上→左下	╱
4	捺	左上→右下	、 乀
5	折	带转折	乙

变形笔画说明:

(1)"提笔"视为横。如"现、场、持、扛、冲"等字左部的末笔是"提笔",均视为横。

(2)"左竖勾"为竖。如"划、到、列、荆、削"等字中的"左竖勾"均视为竖。

(3)"点"视为捺。如"学、家、寸、心、冗"等字中的"点",均视为捺。

(4)带折均为折。如"勿、心、子、女、又"等字中的带转折笔画(除竖勾外)都认为是折(在键盘的五区)。

在五笔字型中,汉字笔画概括为"横、竖、撇、捺、折"5种,是一种科学的分类方法。为汉字字形编码的设计提供了理论依据。

(二)汉字的字根(字元)

1. 什么是字根

一个汉字可以分解为若干个部分,每一部分都可以看做是这个字的组成部件,这个部件常称为字元,五笔字型中将其称为字根,不同的输入法对汉字的分解方法不同,字元的表现形式也不一样。例如,在五笔字型中"李"字可以分解为"木、子","章"字可以分解为"立、早",等等。虽然笔画可以组成任何汉字。但如果把汉字全部分解为5种单笔画,就失去了汉字作为拼形文字的直观性,其编码也很长,对快速输入汉字是不利的。五笔字型规定:汉字以字根为基本单位编码,笔画只起辅助作用。因此,可以说字根是对任何汉字及词汇进行编码的"基本构件"。

五笔字型中,字根多数是传统的汉字偏旁部首,比如"氵、刂、竹、灬、廴"等,同时还把一些有少量笔划结构的作为字根,比如:"宀、冖、厂";也有硬造出的一些"字根",比如:"龷、尸、彑"。五笔字型基本字根有130种,加上一些基本字根的变型,共有200个左右。这些字根对应在键盘上的25个键上。且只有这200个基本字根才有资格参加编码,其他任何形态的笔画结构,都要理解为是由这200个基本字根组成的。因此,这200个基本字根既是组字的依据,又是拆字的依据,是对任何汉字及词汇进行编码的"基本构件"。

键盘上有26个英文字母键,五笔字型字根分布在除Z之外的25个键上。这样每个键位都对应着几个甚至是十几个字根。为了方便记忆,在五笔字型中按照每个字根的起笔笔划,把这些字根分为5个"区",如图4.1所示。以横起笔的在1区,在键盘的这个位置,从字母G到A;以竖起笔的在2区,在这个位置,从字母H到L,再加上M;以撇起笔的在3区,在这个位置,从字母T到Q;以捺起笔的叫4区,在这个位置,从Y到P;以折为起笔的叫5区,在这个位置,从字母N到X。

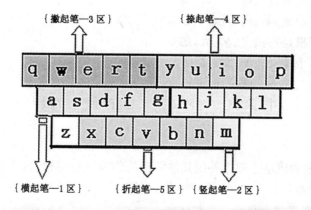

图4.1 分"区"图

每个区有 5 个位,按一定顺序编号,就叫区位号。比如 1 区顺序是从 G 到 A,G 为 1 区第 1 位,它的区位号就是 11,F 为 1 区第 2 位,区位号就是 12。2 区的顺序是从字母 H 开始的,H 的区位号为 21,J 的区位号为 22,L 的区位号就是 24,M 的区位号是 25。3 区是从字母 T 开始的,T 的区位号是 31,R 的区位号是 32,到 Q 的区位号就是 35。4 区是从字母 Y 开始的,Y 的区位号是 41,U 的区位号是 42,I 的区位号是 43,O 的区位号是 44,P 的区位号是 45;5 区是从字母 N 开始,N 的区位号就是 51,B 的区位号是 52,V 的区位号是 53,C 的区位号是 54,X 的区位号是 55。

2. 基本字根的分类

基本字根又可分作键名字根、成字字根、笔形字根 3 种,它们统称为基本字根(见图 4.2)。

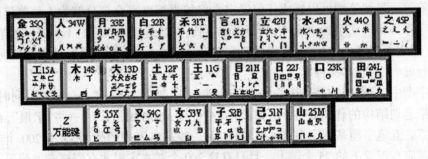

图 4.2　五笔字型键盘字根总表

1)键名字根

五笔字型的字根一共有 200 个左右,分布在键盘的 25 个字母上,平均每个区位号有七八个字根,为了便于记忆,在每个区位中选取一个最常用的字根作为键的名字。键名字根既是使用频率很高的字根,同时又是很常用的汉字。这类字根通常放在所在键的左上角,如图 4.2 所示。比如 G,区位号为 11,它的基本字根有"王、丰、五、一"等,就选取"王"

键名字根如下:

1 区的键名字根是:王、土、大、木、工

2 区的键名字根是:目、日、口、田、山

3 区的键名字根是:禾、白、月、人、金

4 区的键名字根是:言、立、水、火、之

5 区的键名字根是:已、子、女、又、纟

2)成字字根

在 130 个基本字根中,除 25 个键名汉字外,还有几十个字根本身也是汉字,这类字根称之为"成字字根"。

3)笔形字根

除了键名字根和成字字根之外的其他字根统称为笔形字根,这类字根多为偏旁部首和一些自造字根,如氵、刂、竹、灬、夂、青、尸、乞等。

3. 字根的分布规律和记忆

要想使用五笔型码快速输入汉字,必须熟记这 200 个字根。但要记忆这些字根可不是一件容易的事情,为了帮助读者快速记忆字根,下面将字根的分布规律和五笔型码的作者编的字根歌介绍给大家,供参考。

1)字根的分布规律

字根的分布规律图如图4.3。

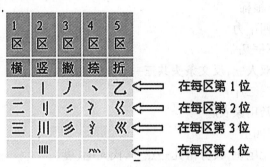

图 4.3　字根的分布规律图

(1)总体规律。1区都是横起笔的,2区都是竖起笔的,3区都是撇起笔的,4区都是捺起笔的,5区都是折起笔的。

(2)区内规律。第一区里面,1区1位,里面有一横这个字根,在1区2位有二横这个字根,在1区3位,里面有三横这个字根。

第二区里面,2区1位,有一竖这个字根,2区2位,有二竖这个字根,2区3位,有三竖这个字根,2区4位,有四竖这个字根。

第三区里面,31区位里有一撇这个字根,32区位里有二撇这个字根,33区位里有三撇这个字根。

第四区里面,41区位里有点,42区位里有二点水,43区位里有三点水,44区位里有四点底。

第五区里面,51区位中的"乙"是一折,52区位中的"<""<<"是二折,53区位中的"巛"是三折。

(3)字根的第二笔对应分布规律。字根的第二笔与位号一致。例如:1区1位,"王"的第一笔是横,第二笔还是横;1区2位,"土"的第一笔是横,第二笔是竖;1区3位,"大"的第一笔是横,第二笔是撇;再看1区5位,"七"的第一笔是横,第二笔是折。再比如3区,1位的"禾",次笔是横,2位的"白、扌",次笔是竖,此外还有很多例子,就不一一列举了。

(4)一键上的字根在字源或形态上相近的规律。比如P键,键名字根是"之",所以"辶、廴"等字根也在这个键里,就连这个"礻"和它长得也挺像。再看W键,里面的"人、八、癶、祭"这四个字根形态都差不多。还有这个B键,里面的"阝、卩"很容易让你联想到字母B。

2)字根歌

11　　王旁青头戋五一

12　　土士二干十寸雨

13　　大犬三手(羊)古石厂

14　　　木丁西

15　　　工戈草头右框七

21　　　目具上止卜虎皮

22　　　早两竖与虫依

23　　　口与川,字根稀

24　　　田甲方框四车力

25　　　山由贝,下框几

31　　　禾竹一撇双人立,反文条头共三一

32　　　白手看头三二斤

33　　　月彡(衫)乃用家衣底

34　　　人和八,三四里

35　　　金勹缺点无尾鱼,犬旁留儿一点夕,氏无七(妻)

41　　　言文方广在四一,高头一捺谁人去(圭)

42　　　立辛两点六门病(疒)

43　　　水旁兴头小倒立

44　　　火业头,四点米

45　　　之宝盖,摘礻(示)衤(衣)

51　　　已半巳满不出己,左框折尸心和羽

52　　　子耳了也框向上

53　　　女刀九臼山朝西(彐)

54　　　又巴马,丢矢矣(厶)

55　　　慈母无心(毌)弓和匕,幼无力(幺)

这就是字根歌,一定要熟读、熟背。

4. 组成汉字的字根间的关系

所有的汉字都可以用基本字根拼合组成。在组成汉字时,字根间的位置关系可分为4种类型,即单、散、连、交。

1)单

单,就是指这个字根本身就是一个汉字。包括 5 种基本笔划"一、丨、丿、丶、乙",25个键名字根和字根中的汉字。如"言、虫、寸、米、夕"等。

2)散

散,就是指构成汉字的字根不止一个,且字根间还有点距离。如"苗"字,由"艹"和"田"两个字根组成,再如"汉、昌、花、笔、型"等。

即成字字根,如"口、木、山、田、汉、回、旦、豆、是、足、湘"等。

3)连

连,是指一个字根与一个单笔画相连,如"且",就是基本字根"月"和一横相连组成的,"尺"就是由"尸"和一捺相连组成的,再如"禾、下、正、自"等。一个字根和点组成的汉字,也视为相连。比如"勺",就是"勹"和点组成的,我们认为它们是相连的。这样的例子还有"术、太、主、义、斗、头"等。

注意:①单笔画与基本字根间有明显距离时不认为相连,如"个、少、么、幻、旧、孔、乞、鱼"等。②带点结构,认为相连,如"勺、术、太、主、义"等。这些字中的点与另外的基本字根之间并不一定相连。其间可连可不连、可远可近。为了使问题简化,规定:一个基本字根之前或之后的独立点、一律看作是与基本字根相连的。③下面这些字,字根虽然连着,但在五笔中不认为它们是相连的,如"足、充、首、左、页"等。

4)交

交,就是指两个或多个字根交叉重叠构成的汉字。如"本",就是由字根"木"和"一"相交构成的,再如"申、必、夷、东、里"等。

用五笔字型输入汉字,必须学会如何将汉字拆分为基本字根,这样才能对汉字进行编码输入。

字根间的这几种关系,在拆字过程中会经常用到。

5.汉字的拆分

要对汉字进行编码,就必须先把一个汉字拆分成若干个字根,然而由于汉字结构的复杂性,拆分时,还要遵循一定的规则。在五笔字型输入法中,要遵循的规则是:取大优先,兼顾直观,能散不连,能连不交。下面分别描述这四句话的涵义。

1)取大优先

取大优先,指的是在各种可能的拆法中,保证按书写顺序拆分出尽可能大的字根,以保证拆分出的字根数最少。

举个例子来说,"适"可以拆为"丿、古、辶",还可以拆成"丿、十、口、辶"。哪一种是正确的呢? 根据取大优先的原则,拆出的字根要尽可能大,而第二种拆法中的"十"、"口"两个字根可以合成为一个字根"古",所以第一种拆法是正确的。尽可能大,是指再加一笔不能构成其他基本字根。如"果"字只能拆分成"日、木",而不能拆分成"旦、小"("旦"非基本字根)。所以"取大优先"也叫"能大不小"。

下面再举几例:

判　⟶　判＋判＋判＋判

　　⟶　判＋判＋判 ✓

草　⟶　草＋草＋草

　　⟶　草＋草 ✓

产　⟶　产＋产

　　⟶　产＋产 ✓

相连关系中,只有单笔画与基本字根的关系才视为连。具有相连关系的汉字,可直接拆分为单笔画和基本字根两者的组合。

如:

$$户 = 户 + 户$$
$$生 = 生 + 生$$

拆分时注意:一个笔画不能割断用在两个字根中。如"果"字不能拆分为"田、木"、而应拆分为"日、木"。即:

➡果 + 果　×

果 ➡果 + 果　×

➡果 + 果　✓

2)兼顾直观

拆字的目的是为了给汉字编码,如果拆分的字根有较好的直观性,那么就便于联想记忆,给输入带来方便。"兼顾直观"原则。就是说在拆字时,尽量照顾字的直观性,一个笔划不能分割在两个字根中。例如:自己的"自",可以拆成下面两种情况,根据直观性的原则,取第一种拆法。再比如丰收的"丰"字,也可以拆成两种情况,但第一种拆法更好一些。

自 ➡ 自 + 自　　　　✓
　 ➡ 自 + 自 + 自　×
丰 ➡ 丰 + 丰　　　　✓
　 ➡ 丰 + 丰　　　　×

3)能散不连

能散不连的意思是说,如果一个汉字可以拆成几个字根散的结构,就不要拆成连的结构。如"矢"拆分为"⺉、大",而不要拆分为"丿、天"的结构。事实上。连只存在于单笔画与基本字根之间。

4）能连不交

组成汉字的基本字根之间既有连的关系，又有交的关系时，能按连的关系拆分时，就不要按交的关系处理。如"于"可拆成连的结构"一、十"，也可拆成交的结构"二、丨"，但根据能连不交的原则应取第一种连的结构；"午"字也可以拆成两种情况，根据能连不交的原则，应该拆成"ʼ"和"十"，而不能把"十"这个相交的字根分开；"牛"也可以拆成两种情况，根据取大优先的原则，就该拆成"ʼ"和"丨"。

$$午 \longrightarrow 午+午 \checkmark$$
$$\longrightarrow 午+午 \times$$
$$牛 \longrightarrow 牛+牛 \checkmark$$
$$\longrightarrow 牛+牛 \times$$
$$天 \longrightarrow 天+天 \checkmark$$
$$\longrightarrow 天+天 \times$$

二、五笔字型编码规则

熟悉了五笔字型基本字根和拆分规则以后。就可以着手为汉字进行编码或使用五笔字型方法输入汉字了。

五笔字型的单字编码规则可总结为如下的歌诀：

五笔字型均直观，依照笔顺把码编；

键名汉字打四下，基本字根请照搬；

一二三末取四码，顺序拆分大优先；

不足四码要注意，交叉识别补后边。

歌诀中包含了五笔字型拆分取码的五项原则，即：

（1）按书写顺序，从左到右，从上到下，从外到内取码；

（2）以基本字根为单位取码的原则；

（3）键名汉字的取码原则；

（4）按一二三末字根，最多只取四码的原则；

（5）不足四个字根，补末笔字型交叉识别码的原则。

（一）键名汉字的编码规则

由前述可知有 25 个键名汉字，这些汉字的编码规则是：把所在键字母连写 4 次。即输入这些汉字时，只需把所在键连按 4 次即可。如：

"王"字的编码为：GGGG，输入时连按 G 键四下；

"立"字的编码为：UUUU，输入时连按 U 键四下。

之所以这样规定,是因为已把这些单键分配给 25 个高频字,输入这些高频字时,只需按一个字母键和一个空格。

(二)成字字根汉字的编码规则

在 200 个基本字根中,除 25 个键名汉字外,还有几十个字根本身也是汉字,称之为"成字字根"。键名和成字字根合称键面字。

成字字根汉字的编码规则:

$$键名码 + 首笔码 + 次笔码 + 末笔码$$

当成字字根只有两笔时,公式为:

$$键名码 + 首笔码 + 末笔码 + 空格$$

例如:

十 ＝ 十 ＋ 十 ＋ 十

FGH

贝 ＝ 贝 ＋ 贝 ＋ 贝 ＋ 贝

MHNY

键名码即所在键的字母。按此又称"报户口"。

注意:这里的首笔码、次笔码、末笔码不是按字根取码,而是按单笔画取码,即按横、竖、撇、捺、折 5 种单笔画取码。它们对应键盘上各区的第一个键位,分别是 G、H、T、Y、N。如:

　　　　　　"五"的编码为 GGHC,"文"的编码为 YYGY

　　　　　　"由"的编码为 MHNC,"丁"的编码为 SGH

　　　　　　"雨"的编码为 FGHY,"二"的编码为 FGG

此外,5 种单笔画有时也需单独使用,特规定 5 种单笔画的编码如下:

一 GGLL　　丨 HHLL　　丿 TTLL　　丶 YYLL　　乙 NNLL

即是在报户口和首笔码之后加两个 L,以补足四码。

(三)键外字(合体字)的编码

除键面字之外的字都是键外字。标准汉字字库中,键面字只有 100 多个。大量的字都是键外字,所以汉字输入编码主要是键外字的编码。

键外字的编码规则是:

含四个或四个以上字根的汉字,取一二三末四个字根码组成编码,不足四个字根的汉字补加一个末笔字型交叉识别码,仍不足四码的补空格。

以下为拆分编码示例:

(1)含四个或四个以上字根的汉字的编码。例如：

睡 → 睡 → 睡 → 睡 → 睡
HTGF

缩 = 缩 + 缩 + 缩 + 缩 + 缩
XPWJ

(2)不足四个字根的汉字的编码。例如：

末笔

我 → 我 → 我 → 我 → 我
TRNT

贱 → 贱 → 贱 → 贱
MGT

三、识别码的组成和判断

在用五笔字型输入法在计算机上输入汉字时,为了减少重码,有时要输入汉字的字型信息及末笔画信息。这就是汉字的末笔字型交叉识别码。

在五笔字型输入法中,末笔字型交叉识别码的判断也是一个重要的难点,因为确定一个识别码要从两个方面获取信息,即字型和末笔画。下面先看看字型的分类。

(一)汉字的字型结构分类

有些汉字,它们所含的字根相同,但字根之间的相对位置不同。比如"旭"和"旮"、"吧"和"邑"等。我们把汉字各部分间位置关系类型叫做字型。在五笔字型中,把汉字分为3种字型:左右型,上下型,杂合型。

1. *左右型*

构成汉字的各字根之间有着明显的界线,并且从左至右排列;或一部分单独占一边与另一部分呈左右排列。例如:现、场、理、论、汉、胡、测、别、谈、验等,都属于左右型。

2. *上下型*

构成汉字的各字根之间有着明显的界线,并且从上至下排列;或单独占一层的部分与另一部分呈上下排列。如"字、节、旦、看、恕、意、想、花"等,都属于上下型。

3.杂合型

组成汉字的各部分之间没有简单明确的左右、上下关系。如"本、申、册、太、成"等,都属于杂合型。

3种字型依次编号为1、2、3。如表4.2所示。

表4.2　字型结构

字型代号	字型	图　示	字　例	特　征
1	左右	□ □ ⊟ ⊟	汉湘结封	字根间可有间距,总体左右排列
2	上下	⊟ ⊟ ⊟ ⊟	字莫花华	字根间可有间距,总体上下排列
3	杂合	▯ ⊠	困凶这司乘本	字根间虽有间距,浑然一体不分块

左右型、上下型都直观,但杂合型稍微复杂一些。

杂合型可包括下面几种不同类型:

(1)包围和半包围关系的汉字,一律视为杂合型。如"团、同、医、凶、句"等;含有"辶"的字也是杂合型,如"过、进、延"等;"厂、尸"等字根组成的一些字也是杂合型,如"层、辰、厅、眉"等。

(2)一个基本字根和一个单笔画相连,也视为杂合型,如自己的"自",由一撇和一个目字连在一起组成,再如"千、尺、且、本"等。

(3)一个基本字根之前或之后有孤立点的也当作杂合型,如"勺、术、太、主、斗"等。

(4)几个基本字根交叉重叠之后构成的汉字,也视为杂合型。如"申、里、半、串、东、电"等。

(二)末笔字型交叉识别码

汉字的图形特征是识别汉字的一个重要依据。如"口"和"八"上下排列为"只",左右排列为"叭"。因此,可以把汉字的3种字型叫做汉字的3种排列方式。在计算机上输入汉字时,除了键入组成汉字的字根外,有时还有必要告诉计算机输入的字根是以什么方式排列的,即补充键入一个字型信息。

但仅靠一个字型信息还不能完全消除重码,比如"洒"、"沐"、"汀"三个字,字根编码都是IS,并且字型都是左右型的,字型代码都是1。

这就需要用到下面专门介绍的"末笔字型交叉识别码"。

末笔字型交叉识别码,是指由书写汉字时最后一笔的笔画的信息和字型信息组合而成的一个信息码。即:

末笔字型交叉识别码 = 汉字的字型代码 + 末笔画代码

如表4.3所示。

表4.3 末笔字型交叉识别码

字型代码	末笔代码				
	横(1)	竖(2)	撇(3)	捺(4)	折(5)
左右型(1)	G(11)	H(21)	T(31)	Y(41)	N(51)
上下型(2)	F(12)	J(22)	R(32)	U(42)	B(52)
杂合型(3)	D(13)	K(23)	E(33)	I(43)	V(53)

末笔字型交叉识别码为表中的两位数字。前一位是末笔画代号,后一位是字型代号。

由"五笔字型键盘字根总表"可知,这两位数字对应键盘上的一个键。这样,"洒"字的末笔为横,末笔代码是1,字型为左右型,字型代码是1,识别码就是11,也就是字母G;"汀"字的末笔为竖,末笔代码是2,字型代码是1,识别码就是21,也就是字母H;"沐"字末笔为捺,末笔代码为4,字型代码为1,识别码41,也就是字母Y。现在,这三个字的编码分别是ISG、ISH、ISY,已经区分开了。

下面是确定末笔字型交叉识别码示例:

江　末笔(横)代号为1,字型代号为1,识别码为11(G)

仑　末笔(折)代号为5,字型代号为2,识别码为52(B)

层　末笔(捺)代号为4,字型代号为3,识别码为43(I)

阀　末笔(撇)代号为3,字型代号为3,识别码为33(E)

毛　末笔(折)代号为5,字型代号为3,识别码为53(V)

寿　末笔(捺)代号为4,字型代号为2,识别码为42(U)

(三)末笔的特殊约定

有些汉字的末笔与书写顺序有所不同。应注意以下几点:

(1)对于所有包围型汉字(三面包围或四面包围),规定其末笔为被包围部分的末笔。如:

因　末笔(捺)代号为4,字型代号为3,识别码为43(I)

远　末笔(折)代号为5,字型代号为3,识别码为53(V)

匡　末笔(横)代号为1,字型代号为3,识别码为13(D)

(2)对"九、刀、七、力、匕"等字根,虽然只有两笔,但书写顺序常有不同。为了保持一致和直观,规定凡当它们参加"识别"时一律用"折笔"作为末笔。如:

券　末笔(折)代号为5,字型代号为2,识别码为52(B)

轨　末笔(折)代号为5,字型代号为1,识别码为51(N)

历　末笔(折)代号为5,字型代号为3,识别码为53(V)

(3)带单独点的字,比如"义"、"太"、"勺"等,我们把点当做末笔,并且认为"、"与附近的字根是"连"的关系,所以为杂合型,识别码为43,也就是I。

比如这个"义"字,按笔顺拆字根,可以拆成"、"和"乂",编码是YQ,把点当做末笔,杂合型,识别码为I,所以"义"的编码就是YQI。

(4)"我"、"贱"、"成"等字的末笔,遵循"从上到下"的原则,末笔应该是"丿"。

四、词汇编码

为进一步提高汉字输入速度,我们可以采用词汇输入的方法,也就是直接输入词的代码。由单字可以组成成千上万的词汇,其类型分为二字词、三字词、四字词、多字词,下面分别将这几类词组的编码和输入方法作一介绍。

(一)二字词汇的输入

二字词汇在汉语中使用得最多。二字词的编码规则如下。

分别取两个单字全码中的前两个字根代码,共四码组成。如:

热爱 ━━▶ 热 ━▶ 热 ━▶ 爱 ━▶ 爱
RVEP

汉语 ━━▶ 汉 ━▶ 汉 ━▶ 语 ━▶ 语
ICYG

在五笔输入法中,可以随时输入单字或词汇,不需要任何切换。在汉字文章中,两个字的词汇是最多的,掌握了词汇输入,我们用五笔字型写文章就快多了。

(二)三字词汇的输入

三字词的编码规则如下。

前两个字各取其第一码,第三个字取其前两码,共四码组成。如:

博物馆 ━━▶ 博 + 物 + 馆 + 馆
FTQN

计算机 ━━▶ 计 + 算 + 机 + 机
YTSM

(三)四字词汇的输入

四字词的编码规则为:分别取每个字的第一码,共四码组成。如:

操作系统 ━━▶ 操 + 作 + 系 + 统
RMTX

(四)多字词汇的输入

多字词的编码规则为:取前三个字的第一码和最后一个字的第一码,共四码组成。如:

中华人民共和国

中+华+ 人+国

KWWL

第二节　拼音输入法

拼音输入法是利用汉语拼音来输入汉字。由于汉语中存在许多多音字,一个拼音下可能出现几十个甚至上百个汉字(重码),因此在输入时需要从中挑选一个自己需要的字,所以有人将这种输入法叫做选字法,每次输入都要在输入条中努力地寻找,所以输入速度比较慢。但这种输入法简单易学,如果您不是一位专业的打字员,那么这类输入法也是一种选择。下面我们给您介绍一下智能型的拼音,虽然也是拼音,也有重码,但因为包括了自动记忆、自动忘却、自动造词、自动调控和低频屏蔽等功能,使得输入汉字速度也很快。下面简单介绍全拼输入法的基本使用方法。

使用全拼双音汉字输入法,既可以输入单个汉字,也可以输入双字词汇。

Windows 98 内置的全拼输入法完全符合《汉语拼音方案》规范。

全拼输入法不但支持 GB2312 字符集的汉字及词语输入,而且支持汉字扩展内码规范——GBK 中规定的全部汉字。

一、输入单个汉字

要输入单字,就需要输入该字拼音的全部字母,比如输入飞翔的"飞"字,就输入 fei,提示条旁的汉字列表中出现了拼音是 fei 的汉字(见图 4.4),按一下数字键 2,就选中了"飞"字。如果选其他拼音为"fei"的字,就看该字前面的数字,然后在键盘上点击对应的数字键即可。

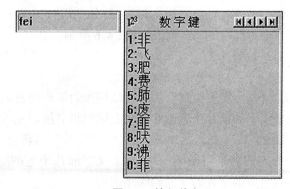

图 4.4　输入单字

二、输入双字词汇

例如拟输入"可以"这个双字词汇，可以连续键入拼音码"keyi"，提示条旁边会出现一个单词选择列表（见图4.5），按下数字键1或直接敲空格即可输入"可以"这个词。

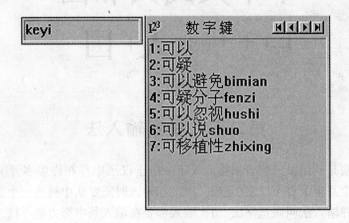

图4.5 输入词汇

第三节 二元汉语输入法

二元汉语输入法属于音形结合编码的输入方式。该输入法采用的是26个拼音字母和10个数字键为基本码元，对单字的形码只取首部码和尾部码两码，不用拆分，为读者提供了一个更新更好的选择。它具有容易学习、输入速度快、智能化程度高、功能强大等优点。熟练掌握和运用二元汉语输入法这一新技术将会使您受益一生。下面就这种输入法作一简要介绍。

一、笔画

笔画是指写字时由起笔到落笔的"一画"或者"一笔"，它是组成汉字的最基本的元素，每个汉字都可以分解成若干基本笔画。二元汉语输入法规定了7个笔画，即：横（一）、点（丶）、捺（㇏）、竖（丨）、撇（丿）、横折（㇆）、竖折（㇄），并分别用"1、6、8、i、u、a、;"来命名，作为笔画码，在某些情况下作为汉字编码的码元，如图4.6所示。

二、字元（字根）

同五笔字型输入法一样，也需要以汉字的字型结构作为编码的根据，只不过二元输入法不需要拆字，只看一个汉字的前几个笔画和后几个笔画组成的字元。相对于笔画来讲，字元至少有两个笔画组成，如："氵、刂、竹、灬、辶、宀、冖、厂"，也将其分配在键盘上（见图4.6），他们分别对应的键的键名叫做字元码，一个汉字前几个笔画组成的字元的字元码叫首部码，后几个笔画组成的字元的字元码叫尾部码。

图 4.6 二元输入法键盘图

为了帮助记忆也将其编成一个字元歌如下:

一

点撇连二横在先,点点撇类鬃头三。

上口下口合成四,横撇石头五独占。

点和点横走之六,草头又类七包全。

八竹头侧九提手,十姊妹们闹团圆。

二

横折 A,横勾 E,宝盖 D,虎头 B;

二水 X,三水 V;四水无奈沉 V 底。

竖提 L,言旁 P,竖勾竖心 I 一起;

春无日,看无目,孤苦伶仃 F·里;

N 中女牛告无口,J 里独有无翅飞;

R 偏爱反无又,T 中只有单人立;

反犬鱼头包上 Q,W··中二王挤;

撇折撇捺问逗号,撇撇点点分号乙。

撇横 U 中又又又,句号里面小示衣。

三

左口 A,右口 C;

上口下口藏四里,

K 小口,O 大口,

口止无奈躲进 G。

三、字的分类

在二元汉语输入法中将汉字分为 4 种类型,即独体字、笔画字、准组合字、组合字。

(一)独体字

一个汉字的若干笔画交叉在一起,我们不能使其分开,或者将一个汉字分开后,只能分成若干个笔画,没有一个单独的字元,这类字称为独体字。

如：中、人、世、为、无、州、瓦、夫、耳、两、川、儿

其中：中、世、夫、耳、两等，这类字的笔画交叉在一起，无法将其分开（不允许将笔画切断）；

而人、瓦等，这类字的笔画虽没有交叉在一起，可以分开，但只能分开为一些基本笔画；

而儿、州、川等，这类字中各个笔画相互分开，看起来好像不是一个独立体，是由几个部分组成，但根据独体字的定义，它仍属独体字的范畴。

当一个独体字和另一个字元构成一个新的汉字时，在组成的新的汉字中这个独体字就被看作是一个字元，其音码就是它的字元码。但从美观和书写方便的角度考虑我们祖先往往把它们变变形，如：月→⺆、木→木等，不管变形不变形我们将一视同仁，一样看待，其字元码都一样。

特殊地，"月、王、木"等字可能被划分成其他类型，为了编码的方便，避免混淆，我们将"月、王、木"等字视为独体字。

（二）笔画字

将一个汉字分成两部分，其中一部分为一个独立的字元，而另一部分则只能是"、、一、丨、丿、乚"等笔画的字，称为笔画字。

如：自、禾、千、下、开、么、天、旧、义、干、血、广、大、士、土、个、上、少、刀、习、尸、勺、夕、久、兵、幺、尤

注："血"字也可以按准组合字来看待，但把它看做首笔笔划字更直观。

笔画字又可以分为两大类，即：首笔笔画字和尾笔笔画字。

1. 首笔笔画字

当一个笔画字的第一部分为一个笔画，而剩余部分为一个独立的字元的笔画字，叫做首笔笔画字。

2. 尾笔笔画字

当一个笔画字的第一部分为一个独立的字元，而后一部分为一个笔画的笔画字，叫做尾笔笔画字

（三）准组合字

将一个汉字分成两部分后，其中一部分是一个独立的字元，而另一部分既不是一个独立字元，也不是一个独立的笔画，这样组成的字称为准组合字。

如：太、子、止、爪、乍、离、曷、第、巴、黑、阜、熏、延、鬼、发、皮、系、农

准组合字也可以分为两大类，即首部准组合字和尾部准组合字。

（四）组合字

如果一个汉字可以分解成两个或两个以上的独立单元，且第一单元和最后一个单元均为一个独立字元，这样组成的字称为组合字。

如：当、汉、字、左、部、湖、组、成、近、龙、后

其中："当"可以分解成两个独立单元，即可以分解成"⺌"和"彐"；

"左"可以分解成两个独立单元，即可以分解成"ナ"和"工"；

"后" 可以分解成三个独立单元，即可以分解成" 厂"、"一"、"口"。

组合字中有包围字和镜像字两个特殊类型。

1. 包围字

由"囗"和"囗"里面的部分组成的字称为包围字。

如：国、因、目、日、田、回、卤

包围字本身属于组合字，但它和其他字元、笔画等又可构成新的组合字(复合字)。

如：恩、自、晶、佃

2. 镜像字

当一个汉字由左中右三部分组成，且左右近似对称，即称为镜像字。

如：丞、承、乘、胤

四、首部码和尾部码

(一)独体字的首部码和尾部码

独体字的首部码，即：独体字的第一笔笔画所对应的笔画码就是独体字的首部码。

独体字的尾部码，即：独体字的末笔笔画所对应的笔画码就是独体字的尾部码。

如："中"字的第一笔是竖"丨"则其首部码为"i"，"中"字的最后一笔也是竖"丨"则其尾部码也为"i"。

(二)笔画字的首部码和尾部码

1. 首笔笔画字的首部码和尾部码

首笔笔画字的首部码，即：首笔笔画字的第一笔笔画所对应的笔画码就是该首笔笔画字的首部码。

首笔笔画字的尾部码，即：首笔笔画字的后一部分的独立字元的字元码就是该首笔笔画字的尾部码。

如："失"字的第一部分的笔画"丿"的笔画码为"u"，"失"字的后一部分的字元"夫"的字元码为"f"。

2. 尾笔笔画字的首部码和尾部码

尾笔笔画字的首部码，即：尾笔笔画字的第一部分的独立字元的字元码就是该尾笔笔画字的首部码。

尾笔笔画字的尾部码，即：尾笔笔画字的最后一笔笔画所对应的笔画码就是该尾笔笔画字的尾部码。

如："大"字的第一部分的字元"ナ"所对应的字元码为"0"，"大"字的最后一笔笔画"丶"所对应的笔画码为"8"。

"上"字的第一部分的字元"卜"所对应的字元码为"b"，"上"字的最后一笔笔画"一"所对应的笔画码为"1"。

(三)组合字的首部码和尾部码

组合字的首部码，即：组合字的首部码是该组合字中第一单元所对应的字元的字元码。

组合字的尾部码，即：组合字的尾部码是该组合字中最后一个单元所对应的字元的字元码。

如："关"字的第一部分的字元"丷"所对应的字元码为"2"，"关"字的最后一部分的字元"大"所对应的字元码为"D"。

"吃"字的第一部分的字元"口"所对应的字元码为"k","吃"字的最后一部分的字元"乙"所对应的字元码为":"。

注:"吃"字由"口"和"乀""乙"三个字元组成,中间部分"乀"不予考虑。

(四)准组合字的首部码和尾部码

1. 首部准组合定义

组成准组合字的第一部分为独立字元时,该准组合字的首部码就是该独立字元的字元码,尾部码为该准组合字的音码。

如:"太"字的第一部分是一个独立字元"ナ",后一部分是由一捺"乀"一点"、"组成(不是一个独立字元),因此其首部码为"0",尾部码为"太"字的音码"t"。"子"字的第一部分是一个独立字元"了",后一部分是由交义的一横"一"和竖钩"亅"组成(不是一个独立字元),因此其首部码为"e",尾部码为"子"字的音码"z"。

2. 尾部准组合定义

组成准组合字的后一部分为独立字元时,该准组合字的首部码就是该准组合字的音码,尾部码就是独立字元的字元码。

如:"黑"字的第一部分是"罒"(不是一个独立字元),后一部分是一个独立字元"灬",因此其首部码为"h",尾部码为"v"。

"发"字的第一部分是"ナ"(不是一个独立字元),后一部分是一个独立字元"又",因此其首部码为"f",尾部码为"u"。

(五)中文数字的首部码和尾部码

二元汉语输入法巧妙地利用了数字对汉字进行编码,给汉字的编码和输入带来了很大好处,为了使问题进一步简化,二元汉语输入法对中文小写数字"一、二、三、四、五、六、七、八、九、十"的音码、首部码和尾部码进行了特别的规定,即:中文小写数字"一、二、三、四、五、六、七、八、九、十"的音码、首部码和尾部码都分别为其所对应的阿拉伯数字"1、2、3、4、5、6、7、8、9、0"。

(六)最小化原则

前面已对各种不同类型的字的首部码和尾部码的编码规则进行了详尽的描述,为了逻辑上的严密性,有些话说起来非常枯燥,也非常拗口,记忆起来也比较困难,实际上上述的所有规则都遵循一条基本原则,那就是"最小化原则",只要掌握了最小化原则,上述的所有规则都变得非常简单了。

最小化原则是这样描述的:

(1)当取一个汉字的首部码时,应从第一笔开始往后推,所能形成的最小的字元所对应的字元码为该字的首部码。

如:"码"字从第一笔开始往后推,所能形成的最小的字元是"ア"而不是"石"字;"地"字从第一笔开始往后推,所能形成的最小的字元是"十"而不是"土"字。

(2)当取一个汉字的尾部码时,应从最后一笔开始往前推,所能形成的最小的字元所对应的字元码为该字的尾部码。

如:"璃"字从最后一笔开始往前推,所能形成的最小的字元是"离"("离"的笔画看起来很多,但从最后一个笔画往前看,它确实是一个最小的字元)。

注:包围字和其他部件组成新的字,且包围字在新字中的首部或尾部时,则组成新的字的首部码或尾部码都为"o"。

如:自、明、是、徊等。

五、编码规则

(一)单字的编码规则

单字的编码是按顺序由该字的音码、首部码和尾部码构成。

如:

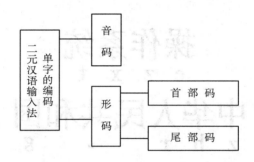

如:

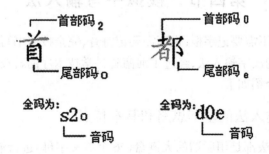

(二)二字词的编码规则

二字词的编码是按顺序由该词组中第一、第二个汉字的音码和第一、第二个汉字的首部码构成。

如:

热爱 ➡ 热 ➡ 爱
r a ➡ 9 ➡ 3

(三)三字词的编码规则

三字词的编码是按顺序由该词中第一、第二、第三个汉字的音码和最后一个汉字的首部码构成。

如：

博物馆 → 馆
b w g 　　 q

(四)四个和四个以上的字组成的词组的编码规则

四个和四个以上的汉字组成的词组的编码是按顺序由该词组中第一、第二、第三个汉字的拼音中的第一个字母和最后一个汉字的拼音中的第一个字母构成。

如：

操作系统
c z x t

中华人民共和国
z h r → g

第四节　模拟手写输入法

模拟手写输入法不需要记字根，也不需要记拼音，完全按照书写汉字的方法进行汉字输入，是一种新观念的汉字输入法，经过了河南省科学技术厅的科技成果鉴定。特别适合于中老年人使用，现介绍如下。

一、模拟手写输入法的基本思路和基本特点

前面讲到的输入法都是用所谓的大键盘(26个英文字母)进行输入，而模拟手写输入法则是用数字小键盘进行汉字输入的。

汉字是方块字，手机键盘、计算机上的数字键盘的布局也是一个方块，这种巧妙的吻合正是本文作者发现的一个秘籍。模拟手写输入法正是在这个基础上发展起来的。用这种方法打字就像我们初学写毛笔字时，在"米字格"或"井字格"里面按照汉字的笔画及其布局进行写字那样，并且不管一个字多么复杂，只需用四个笔画就可完全表征。这种方法形象直观、简单易学、快速方便，单手操作，盲打输入，不受方言限制，不用记字根，不用记笔画，不用记键位，不用练指法(即五不输入法)，会写就会打。且上手快，重码少。和现行的模拟手写输入法相比，不需要在系统中嵌入专用芯片，专用接口、手写屏(或手写板)和手写笔。本方案还具有词组输入功能，词库收集了约十五万条词组，涵盖了大部分常用词组，大大提高了输入效率。除手机之外，还可用于电话机、税控机、收款机、机顶盒、各式PDA产品等。

二、模拟手写输入法的基本方法

(一)基本笔画

笔画是组成汉字的基本单元,在模拟手写输入法中也毫不例外地离不开笔画。但在模拟手写输入法中既要考虑汉字的规范性,又要考虑用数字键盘输入汉字的特殊性。因此,在模拟手写输入法中规定了六个基本笔画,即用点(丶)、竖(丨)、撇(丿)、横(一)、捺(乀)、提(右提乀、上提丶、左提乛)六个笔画作为汉字的基本笔画。常用的笔画"折"视为几个基本笔画的组合,例如:笔画"乛"视为由基本笔画横"一"、竖"丨"和左提"乛"构成。

示例:

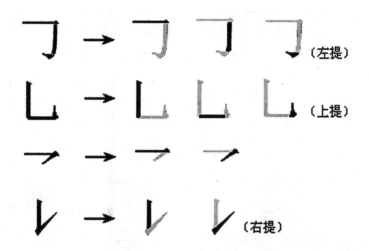

(二)基本操作

(1)上述的每一个笔画又分为首部和尾部,其中点(丶)的首部和尾部在一个键上,竖(丨)、撇(丿)、横(一)、捺(乀)、提(右提乀、上提丶、左提乛)的首部和尾部分别在不同的键上。

(2)假想将同样大小的汉字贴在数字键盘上。

(3)模仿在数字键盘上写字,点击每一个笔画的首部和尾部下面的数字键就可输入相应的汉字。

示例:

(三)基本规则

1.汉字的分类

汉字的结构复杂,规律性差是汉字编码所面临的一大难题,一个规则难以覆盖所有汉字。因此,通常需要将汉字分为几类,一类汉字制定一个规则,这也是通常的做法。本文所述的模拟手写输入法将汉字分为两类,即独体字和组合字。所谓独体字:一个汉字的若干笔画交叉在一起,使其不能分开或分开后的其中一部分只能是一个笔画,这类字称为独体字。如上面所举的几个例子。所谓组合字:由两个或两个以上的独立单元组成的汉字,这类字称为组合字。组合字又包括左右型、上下型、半包围型。

示例:

2. 独体字的取码规则

独体字按照汉字的书写顺序取汉字的前三个笔画和末笔画。也就是说,一个字不管有多少笔画,我们只取四个笔画,其他一概不管。

示例:

3. 组合字的取码规则

首先要将组合字分为两部分(见图 4.7),然后取前一部分的前两个笔画和后一部分第一笔画及末笔画。同独体字一样,一个字不管有多少笔画,我们只取四个笔画,其他一概不管。这就决定了本文所述的模拟手写输入法的简单性和快捷性。

图 4.7　汉字分解示意图

示例:

由示例可以看出,前一部分的前两个笔画在键盘上的位置容易确定,但后一部分第一笔画在键盘上的位置不容易确定,往往会造成错误,因此特确定如下规则:取后一部分第一笔画及末笔画时,应将后一部分放大至满键盘,再视其第一笔画及末笔画在键盘上的对应位置取码。这一规则正是本文所述的模拟手写输入法的一个亮点,它一通百通,使许多问题都迎刃而解。

示例:

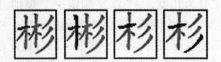

4.组合字的划分原则

前已叙述,要将组合字分为两部分,因为汉字的结构比较复杂,有时一个汉字由几部分组成,那么如何进行划分,必须作出一些规定,否则的话,容易造成混乱。因此,特作出以下规定:

(1)划分为两部分后,每一部分以都能并且必须成为一个合理的汉字。

示例:

(2)分成两部分后,两部分不能同时各自成为一个汉字,但一部分能成为一个汉字,那么从能组成为一个汉字处分开。

示例:

(3)如果分成两部分后,两部分都不能成一个汉字,应从第一明显的分界处分开。

示例:

![高 离 当 鱼]

5.编码规则

用词组中前面每个字的第一码加最后一个字的前几码(总共补够8码)。

示例:

祝您健康长寿

注:“一、二、…、十”等中文数字的编码是取连续8个与其对应的阿拉伯数字,如:“三”字的编码为33333333。

(四)基本要领

(1)组合型汉字的后一部分的第一笔画码和最后一个笔画码是将该部分作为一个单独的汉字放大至满键盘(阝、卩、刂、灬等偏旁除外)时这两个笔画的首部和尾部在数字键盘上对应的数字码。

(2)区分笔画在键盘上的位置的诀窍:不在两边就在中间,或者说不在中间就在两边。

(3)不管前面几个笔画“写”在什么位置,最后一个笔画总是按照该笔画在汉字中的实际位置与键盘上的对应位置取码,如:中 41466382、马 78857445、得 84510155。

(4)任何“出头”占一格,且此时要“顾前不顾后、看两头不看中间”。

(5)不够4个笔画或不够8码时在后面补“0”。

(6)撇、捺、提的首部码和尾部码分别在不同的行或列上。

(7)“上提”(钩)要下上占两格(向提的方向延长)。

(8)"长竖撇"看作"竖"。如"服"字和"风"字的第一笔画。

(9)"长笔画"占 3 格,"短笔画"占 2 格。

(10)左上角的点都为 77,右下角的点都为 33。

(11)最后一笔和撇交叉的捺其笔画码通常为 43,如:被(皮)、校(交)。

(12)"裁、式"一类的半包围字中"上右部分"为包围部分,这一点和汉字的书写顺序规则不同,但这一类字又和其他汉字部件构成新的组合字时,仍按照书写顺序规则取码。

如:式 46837916　　　试 77454699

(13)在写的时候,如果某一笔画超出了键盘,那么将超出部分左移或上移后取码。

如:手 94131324　　　重 94131113

(五)特别规定

(1)口字和其他汉字部件构成新的组合字时,在组合字中口作为一个笔画且笔画码为"00"。

如:品 00 00 00　　　叮 00 7924　　　宫 8844 0000　　　竞 88 46 0036

(2)全包围型汉字作独体字处理,且"口"都作为一个笔画、笔画码是 60,然后再取"口"里面的部分的前两笔画和后一笔画。

如:国:60 79 46 66　　　团:60 46 82 51

且这一类的汉字(如:田、因)和其他汉字部件构成新的组合字时,在组合字中这类字作为一个笔画处理且笔画码为"60"

如:恩 60 4466　　　畜 8846 60　　　相 4582 60　　　晴 60 4646

(3)"匚"类的半包围型汉字时,包围部分"匚"都作为一个笔画、且笔画码是 20,然后再取"匚"里面的被包围部分的前一笔画和后一笔画。

如:医:20 84 33　　　匣:20 41 82

且这一类的汉字(如:匿、区)和其他汉字部件构成新的组合字时,在组合字中这类字作为一个笔画处理(不管其内部是什么东西)且笔画码为"20"。

如:愿 20 4466　　　鸥 20 8445　　　偃 8452 20

三、功能键的使用

为了实现真正意义上的单手输入,所以在小键盘上定义一些功能键来完成相关操作。

(一)选字键

对于简码字一般不需要输入完,就可以通过选字键上屏,这样可以提高速度,另外对于重码字也需要进行选择,那么就需要选字,选字的方式有以下几种(见图 4.8):

(1)"+"键选第一个候选字;

　"-"键选第二个候选字;

　"*"键选第三个候选字。

(2)对于第四、第五、第六等字可以用"Enter"键和"数字"键进行选择,其方法是先点击"Enter"键再点击待选的

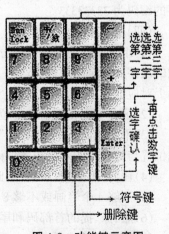

图 4.8　功能键示意图

字前面的数字,如果已经输入够八码直接按"数字键"就可以选字。

(二)汉/数切换键

点击"/"键可以在输入汉字或输入数字之间进行切换,如正在输入汉字,那么点击"/"键就可以直接输入数字,再点击"/"键就又可以输入汉字。

(三)符号键

数字"30"键为符号键,点击数字键"3"和"0"再根据符号的中文名称按照本输入法的词组输入方法进行输入就可以输入所对应的符号。例如,欲输入符号"÷",就输入"3070079"就可以了。

(四)删除键

点击数字键盘右下角的"."键就可以删除输入过的字。

第五节　输入法软件功能简介

各种各样的输入法必须有软件来支持才能完成输入汉字的功能,选择好的编码方案后,再用好的软件来支持就会进一步提高输入汉字的速度。下面以神笔数码二元汉语输入法的软件为例,介绍一下输入法的一些快捷输入功能。熟练掌握这些功能会使你大大提高输入速度。

一、中文数字和中文金额的输入

(一)中文小写数字简便输入方法
中文小写数字简便的输入方法是:

分号键 + 字母"a" + 数字键

例如,当你要输入"六万五千九百四十三"时,其操作如下:

按一下分号键(也可以设定为其他键),再按一下"A"键,再依次点击数字键 65943,输入法窗口中就会有中文小写数字提示,如图 4.9 所示。

```
65943|
1:六万五千九百四十三
```

图 4.9　中文小写数字简便输入示意图

此时再按一下空格键就可输入中文数字:六万五千九百四十三。

(二)中文大写数字简便输入方法
中文大写数字简便的输入方法是:

分号键 + 字母"b" + 数字键

例如,当你要输入"陆万伍仟玖佰肆拾叁"时,其操作如下:

按一下分号键,再按一下字母"B"键,再键入数字键65943,输入法窗口中就会有大写中文数字提示,如图4.10所示。

```
65943
1:陆万伍仟玖佰肆拾叁
```

图4.10　中文大写数字简便输入示意图

此时再按一下空格键就可输入大写中文数字:陆万伍仟玖佰肆拾叁。

(三)中文金额的输入方法

中文金额的输入方法是:

分号键 ＋ 字母"b"＋数字键＋小数点＋ 数字键

例如,当你要输入"陆万伍仟玖佰肆拾叁元"时,其操作如下:

按一下分号键,再按一下"B"键,再键入数字键65943,再键入小数点"."键,输入法窗口中就会有中文数字金额提示,如图4.11所示。

```
65943.
1:陆万伍仟玖佰肆拾叁元整
```

图4.11　中文金额简便输入示意图(一)

此时再按一下空格键就可输出中文金额:陆万伍仟玖佰肆拾叁元整。

同样,当你要输入"陆万伍仟玖佰肆拾叁元柒角伍分"时,其操作如下:

按一下分号键,再按一下"B"键,再键入数字65943,再键入小数点"."键,再键入数字键75。此时输入法窗口中就会有中文数字金额提示,如图4.12所示。

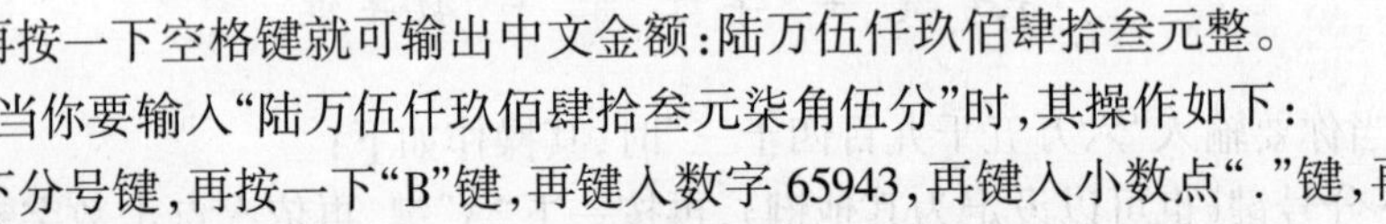

```
85943.75
1:捌万伍仟玖佰肆拾叁元柒角伍分
```

图4.12　中文金额简便输入示意图(二)

此时再按一下空格键就可输入中文金额:陆万伍仟玖佰肆拾叁元柒角伍分。

二、时间的输入

(一)日期的输入

(1)当前年月日的输入方法。即:

分号键";"＋ 字母"d" ＋ nyr

当按上述方法键入编码后,系统就会自动给出当前年月日时间的提示,如图 4.13 所示。

```
nyr
1:2003年1月5日  2:二〇〇三年一月五日-
```

图 4.13　当前年月日的简便输入示意图

只要按一下空格键,就可输出当前年月日:2003 年 1 月 5 日,或按"shift + 2"就可输出中文数字的当前年月日:二〇〇二年八月二十七日。

提示:

当前年月日是指计算机的当前的日期,如果输出的日期与实际不符,就要调整计算机的日期。

(2)任意年月日的快速输入方法。即:

分号键 ";"+字母 "d" +数字+ n +数字+ y +数字

当按上述方法键入编码后,系统就会自动给出所输入的年月日时间的提示,如图 4.14 所示。

```
2002n10ylr
1:2002年10月1日  2:二〇〇二年十月一日-
```

图 4.14　任意年月日的简便输入示意图

只要按一下空格键,就可输出:2001 年 10 月 1 日,或按"shift + 2"就可输出中文数字的年月日:二〇〇二年十月一日。

(3)月日的输入。有时常只需输入某月某日,而不需输入某年某月某日,此时我们可以仍按上述当前年月日的快速输入方法和任意年月日的快速输入方法来进行输入,只是把输入年的部分省去,如图 4.15 和图 4.16 所示。

```
yr
1:1月5日  2:一月五日
```

图 4.15　当前月日的简便输入示意图

```
8y6r
1:8月6日  2:八月六日
```

图 4.16　任意月日的简便输入示意图

(二)时间(时分秒)的输入

时间的输入是针对输入几点、几分、几秒来说的。

(1)当前时分的输入方法。即：

$$分号键 ";"+字母 "t"+sf$$

当按上述方法键入编码后,系统就会自动给出当前时间的提示,如图4.17所示。

```
8y6r
1:8月6日  2:八月六日
```

图4.17　当前时间的简便输入示意图

只要按一下空格键,就可输出当前时分:17 时 30 分, 或按"shift + 2"就可输出中文数字时分:十七时三十分。

提示:

当前时间是指计算机的当前时间,如果输出的时间与实际不符,就要调整计算机的时间。

(2)任意时间的输入方法。即：

$$分号键 ";"+字母 "t"+数字+ s +数字$$

当按上述方法键入编码后,系统就会自动给出所输入的时间的提示,如图4.18所示。

```
12s25
1:12时25分 2:十二时二十五分
```

图4.18　任意时间的简便输入示意图

只要按一下空格键,就可输出:12 时 25 分,或按"shift + 2"就可输出中文数字的时分:十二时二十五分。

三、重复输入

在实际使用中,经常存在某个字某个词需要重复输入,这时可通过规定的操作来输入系统刚输出过的字、词句或全角的标点符号等,以满足某些操作人员的要求。

重复输入操作规则是:

$$顺序点击分号键 ";"+ "r" 键$$

下面分几种情况说明。

(1)当需要输入"回家看看"的"看看"两个字时,可先输入一个"看"字,而第二个"看"字就不需要再输入编码来输入了,只需要按一下";"键再按一下"r"键,就可再输入一个"看"字。

(2)不仅可以重复输入单字,也可以重复输入词组。例如,当需要输入"研究研究"一词时,可先输入"研究"一词,第二个"研究"就不需要再输入其编码来输入,只需要按一下";"键和"r"键就可以了。

(3)不仅可以重复输入汉字,也可以重复输入符号。当需要输入"※※※※"一串符号时,可先输入一个"※"号,输入第二个"※"只要按一下";"键和"r"键就可以了。反复按";"键和"r"键,就可输入若干个"※"。

(4)重复输入时,不一定要在第一次输入的词的后面,还可以在文本中的其他地方进行重复输入。例如,上文中第一条中的"看"字,当第一个"回家看"中的"看"字输入完后,后面的几个"看"都可以用重复输入的方法进行输入,即把光标移到什么地方,就可在什么地方进行重复输入。需要注意的是这种方法只在修改文章时才实用。

四、智能语句输入

在一篇文章中往往有一些词语或句子被多次使用,按照传统的方法,当前面输入某一词语或句子之后,如果后面又遇到这些词语或句子时仍需一个一个字或一个一个词地输入,这样就增加了大量的重复劳动,为了解决这个问题,神笔数码二元汉语输入法设置了智能语句输入功能,即当前面输入了某一词语或句子之后,如果后面又遇到这些词语或句子时不再需一个一个字或一个一个词地输入了,只需按照神笔数码二元汉语输入法的输入方法就能完成整句的输入,这样会给使用者带来很大的方便。例如,本文前面已输入"神笔数码二元汉语输入法",现在又要输入该词时,只需取前三个字的音码和最后一个字的音码作为该句的编码,即点击 sbsf 四个键既可,如图 4.19 所示。

图4.19　智能语句输入示意图(一)

在上例中,如果只想输入前面几个字,则只需将最后一个字的音码变一下即可,如:欲输入"神笔数码二元汉语输入"这几个字,点击 sbsr 四个键既可,如图 4.20 所示。依此类推。

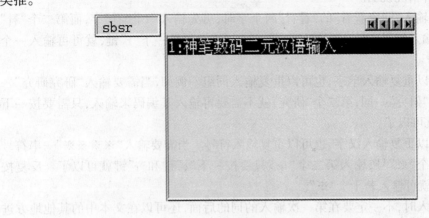

图 4.20　智能语句输入示意图（二）

　　这种方法实际上是软件将刚输入过的内容自动地暂时记忆起来,后面再用时就可将其作为词组输入,词组的长度可达十个字,一些短句可整句输入,所以叫智能语句输入。

　　需要说明的是,如果关机,记忆的词组将会消失,如果再输入新的内容就会将新的内容重新记录起来,以备后用。如果你想永久保存,可以在系统设置中设置一下就可以了。但不要轻易将其保存,否则的话,时间一长,就会在词库中保存大量的垃圾词句。如果一些常用的词组需要添加时,可以采用下面的手动方法进行添加。这样就会长期保存。

五、添加词组

　　作为一种语言其内涵非常丰富,包含着大量的词汇,并且随着社会的发展,还有许多新词汇不断出现,但作为一种输入法不可能包罗万象,把所有的词汇都收集到词库中。因此,在正常的输入过程中如果发现某一词组要经常用到,但词库中又没有,你就可以利用神笔数码系统中的增加词组的功能,把常用词库中没有的词组迅速增加进去,以后若再遇到这个词组就可直接用词组的输入方法进行输入操作。

（一）单个添加

增加词组的操作方法主要有两种,下面分别叙述。

1. 用鼠标操作

操作步骤如下:

（1）用鼠标选中所要增加的词组,例如,系统中本来没有"金马"这个词,当你希望将其作为一个词保存在系统中时,你先输入一个"金"字再输入一个"马"字,然后用鼠标"选中"。

（2）点击输入法状态条上的"词"字（见图 4.21）,系统弹出增加词组窗口（见图 4.22）,从图中可以看出,系统会自动生成编码。

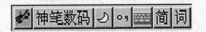

图 4.21　输入法状态条

（3）观察自动生成的编码是否正确，主要看同音字是否正确，如果正确就点击窗口中的"保存为新增加的词组"栏；如果不正确，修改后，点击窗口中的"保存为新增加的词组"栏。

图 4.22　添加词组示意图(一)

这样系统就会将这个词组添加到系统中，当再输入该词时就可以用词组的方式输入了。

2．用键盘操作

用键盘操作的方法使用起来更便捷。与前一种方法主要区别是：不用鼠标选中所要增加的词组，而用"分号键 + 数字键(1～6)"来选中所要增加的词组。

其中数字键的意义为：

数字键为 1：增加复制到 Windows 剪贴板中的词组；

数字键为 2：增加刚输入的最后两个字组成的词组；

数字键为 3：增加刚输入的最后三个字组成的词组；

数字键为 4：增加刚输入的最后四个字组成的词组；

数字键为 5：增加刚输入的最后五个字组成的词组；

数字键为 6：增加刚输入的最后六个字组成的词组。

快捷增加词组操作过程如下：

（1）按一下分号键；

（2）按一下对应于词组长度的数字键(如果增加剪贴板中的词组，则按数字键"1")，系统弹出增加词组窗口(见图 4.23)；

（3）检查自动生成的编码是否正确，如果正确就点击窗口中的"保存为新增加的词组"栏；如果不正确，修改后，点击窗口中的"保存为新增加的词组"栏。

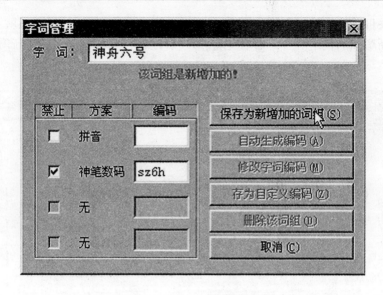

图 4.23　添加词组示意图(二)

示例：

如果要在文章中输入"神舟六号"语句,输入到"神舟六号"时发现词库中没有这个词,这时你可分别输入"神"和"舟"以及"六号",当你输入完"六号"字后,立即按一下分号键,再按一下对应词组长度的数字键"4",系统将弹出快速增加词组窗口,如图 4.23 所示。此时再敲一下回车键,"神舟六号"这个词就存入了系统。

有时在增加词组操作中,在字词管理对话框的字词栏目中出现的不是要增加的字词,这时候可以用复制的方法,把该词组移到剪贴板中,然后再进行增加词组操作。

(二)批量添加

在输入过程中,往往有许多词用户要经常用到,但系统中原词库中又没有这些词,用上述的办法,一个一个添加又比较慢,因此系统中设置了批量添加词组或自定义编码的功能,该功能能将用户的词库文件(或原来备份的)中的词组迅速增加到系统中。方法如下。

1. 建立词库文件

要建立或备份的词库文件必须满足以下格式：

(1)必须为文本文件。

(2)每个词组一行。

例如：劳动人民

　　　知识经济

　　　康百万庄园

　　　……

2. 批量增加词组的具体操作

假设已经有一个符合格式的词组文件,例如其名称为：新增词 .txt,现需要把该文件中的词组增加到神笔数码系统的常用词库中。

具体操作如下：

(1)用鼠标右击神笔数码状态条窗口(见图 4.21),在弹出系统主菜单中将鼠标移动到主菜单的"系统管理",用鼠标单击后弹出对话框,如图 4.24 所示。

(2)在选择操作类型栏目中选择"批量增加文本文件中的词组或自定义编码",在编码方案栏目中选择"神笔数码",然后点击"浏览"按钮。

(3)系统弹出用于寻找文件的文件搜索窗口,用鼠标将查找目录调整到欲添加的词组文件存放的文件夹位置,再用鼠标选择词组文件,选择后,再单击"打开"按钮,立即弹出如图 4.25 所示对话框。

(4)用鼠标单击"开始执行"按钮就可开始处理,处理完毕后,系统将自动返回系统,就可使用增加的词组。

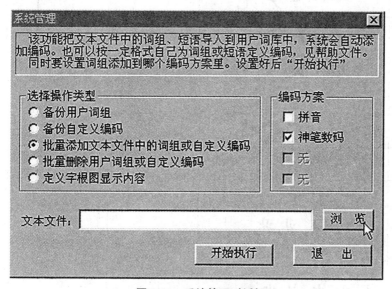

图 4.24 系统管理对话框

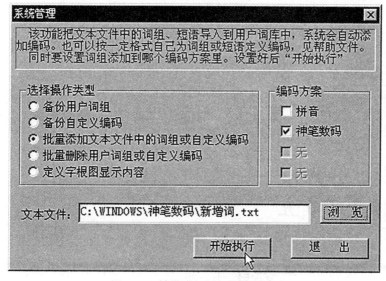

图 4.25 批量增加词组操作示意图

附表

笔顺易错字表

（依照 1997 国家颁布的《现代汉语通用字笔顺规范》为标准）

汉字	规范笔顺	备注
皮	一 广 广 皮	
虎	丿 卜 卢 广 虏 虎	
免	丿 勹 夕 色 免 免	
为	丶 丿 为 为	
义	丶 乂 义	
门	丶 冂 门	
将	丶 冫 丬 护 护 将	
小	亅 小 小	
长	丿 二 长 长	
兆	丿 兆 兆 兆 兆	
山	丨 山 山	
幽	丨 幺 幽 幽 幽	
出	乚 屮 屮 出 出	
母	乚 母 母 母 母	
毋	乚 母 毋 毋	
贯	乚 口 四 毌 贯	
爿	丶 爿 爿 爿	
片	丿 片 片 片	
丑	乛 丑 丑 丑	
可	一 口 可	
哥	一 口 可 可 哥 哥	

汉字	规范笔顺	备注
巨	一 𠃊 𠃍 巨	
区	一 𠃌 ㄨ 区	
雨	一 厂 丙 而 雨 雨	
万	一 𠃌 万	
方	丶 亠 方 方	
力	𠃌 力	
刀	𠃌 刀	
乃	𠃌 乃	
及	丿 乃 及	
九	丿 九	
匕	丿 匕	
比	一 上 𠂢 比	
尤	一 𠂇 尤 尤	
龙	一 𠂇 尤 龙 龙	
脊	丶 丷 丬 癶 脊	
由	丨 𠘧 曰 由 由	
里	丨 𠘧 曰 日 甲 里 里	
重	丿 一 千 舌 舌 重 重	
垂	丿 二 千 千 乖 垂 垂	
乖	丿 二 千 千 乖 乖 乖	
乘	丿 二 千 开 乖 乘	

汉字	规范笔顺	备注
秉	一 二 千 千 秉 秉 秉	
巫	一 丁 不 巫 巫	
噩	一 丁 吁 严 严 噩 噩	
那	刁 ヨ 那 那	
报	扌 扌 抒 报	
与	一 与 与	
考	少 考 考	
北	丨 扌 扌 北	
非	丨 刂 刂 非	
必	丶 心 心 心 必	
火	丶 丶 丷 火	
忄	丶 丷 忄	
曹	一 冂 曲 曲 曹	
世	一 十 卄 卅 世	
车	一 土 卉 车	
车	一 土 车 车	
叉	又 叉	
瓦	一 厂 瓦 瓦	
讯	讠 讯 讯 讯	
肃	肀 肀 肃 肃 肃	
渊	氵 氵 洲 渊	

汉字	规范笔顺	备注
敝	丶 丷 疒 疒 南 南 敝	
女	乀 乄 女	
凹	丨 冂 冂 冋 凹 凹 凹	
凸	丨 丨 凸 凸 凸	
與	㇏ 臼 臽 臾 與 與	
叟	㇏ 臼 臼 臾 叟	
兜	白 臼 臼 兜	
爽	一 丆 莁 爽 爽	
冉	丨 冂 冂 冉 冉	
卵	丿 匚 幺 匃 卵 卵	
丹	丿 刀 刀 丹	
办	刁 力 力 办	
犭	丿 犭 犭	
忄	丶 丷 忄	
丷	丨 丨 丷	肖党常
丷	丶 丶 丷	学兴

第五章　电子商务

第一节　电子商务概述

亚马逊最初是一家通过互联网售卖图书的网上书店,就在几乎谁都没有搞清它的店面在哪里的时候,它在短短的两年间一举超过无数成名已久的百年老店而成为世界上最大的书店,其市值更是远远超过了售书业务的本身。通过亚马逊的 WEB 网站,用户在购书时可以享受到很大的便利,比如要在 100 万种书中查找一本书,传统的方法可能要跑上几个书店,花费很多的时间,但在亚马逊,用户可以通过检索功能,只需点击几下鼠标,不久就会有人把想要的书送到家里了。亚马逊另一个吸引人的方面是提供了很多的增值服务,包括提供了众多的书籍评论和介绍。而在传统销售方式下,这些增值服务会变得非常昂贵。在"成功"地将自己发展成超越传统书店的世界最大规模书店之后,今天亚马逊的业务已扩展到音像制品、软件、各类日用消费品等多个领域,成为美国、也是全世界最大的电子商务网站公司。

一、什么是电子商务

电子商务指的是利用简单、快捷、低成本的电子通讯方式,买卖双方不谋面地进行各种商贸活动。电子商务可以通过多种电子通讯方式来完成。简单的,比如你通过打电话或发传真的方式来与客户进行商贸活动,似乎也可以称作为电子商务。但是,现在人们所探讨的电子商务主要是以 EDI(电子数据交换)和 INTERNET 来完成的。尤其是随着 IN-TERNET 技术的日益成熟,电子商务真正的发展将是建立在 INTERNET 技术上的。所以,也有人把电子商务简称为 IC(INTERNET COMMERCE)。

从贸易活动的角度分析,电子商务可以在多个环节实现,由此也可以将电子商务分为两个层次,较低层次的电子商务如电子商情、电子贸易、电子合同等;最完整的也是最高级的电子商务应该是利用 INTRENET 网络能够进行全部的贸易活动,即在网上将信息流、商流、资金流和部分的物流完整地实现,也就是说,你可以从寻找客户开始,一直到洽谈、订货、在线付(收)款、开据电子发票以至到电子报关、电子纳税等通过 INTERNET 一气呵成。

要实现完整的电子商务还会涉及到很多方面,除了买家、卖家外,还要有银行或金融机构、政府机构、认证机构、配送中心等机构的加入才行。由于参与电子商务中的各方在物理上是互不谋面的,因此整个电子商务过程并不是物理世界商务活动的翻版,网上银行、在线电子支付等条件和数据加密、电子签名等技术在电子商务中发挥着重要的不可或缺的作用。

电子商务提供企业虚拟的全球性贸易环境,大大提高了商务活动的水平和服务质量。新型的商务通信其优越性是显而易见的,其优点包括:

(1)大大提高了通信速度,尤其是国际范围内的通信速度。

(2)节省了潜在开支,如电子邮件节省了通信邮费,电子数据交换则大大节省了管理和人员环节的开销。

(3)增加了客户和供货方的联系。如电子商务系统网络站点使得客户和供货方均能了解对方的最新数据。

(4)提高了服务质量,能以一种快捷方便的方式提供企业及其产品的信息及客户所需的服务。

(5)提供了交互式的销售渠道。使商家能及时得到市场反馈,改进本身的工作。

(6)提供全天候的服务,即每年 365 天,每天 24 小时的服务。

(7)最重要的一点是,电子商务增强了企业的竞争力。

二、电子商务的应用

(一)电子商务有哪些应用功能

1. 售前服务

INTERNET 作为一个新媒体,具有"即时互动、跨越时空和多媒体展示"等特性,它强调了互动性,而且广告资料更新较快,比传统媒体的广告费用低廉。企业可利用网上主页(Homepage)和电子邮件(E-mail)在全球范围内做广告宣传;客户可借助网上检索工具(Search)迅速地找到所需要的商品信息。

2. 售中服务

网上售中服务主要是帮助企业完成与客户之间的咨询洽谈、网上订购、网上支付等商务过程,对于销售无形产品的公司来说,INTERNET 上的售中服务为网上的客户提供了直接试用产品的机会,例如音像制品的试听、试看以及软件的试用等。

3. 售后服务

网上售后服务的内容主要包括帮助客户解决产品使用中的问题,排除技术故障,提供技术支持,传递产品改进或升级的信息以吸引客户对产品与服务的反馈信息。电子商务能十分方便地采用网页上的"选择"、"填空"等格式文件来收集用户对销售服务的反馈意见。这样使企业的市场营销能形成一个封闭的回路。网上售后服务不仅响应快、质量高、费用低,而且可以大大减低服务人员的工作强度。

(二)电子商务应用的 3 种类型

1. 企业内部电子商务

即企业内部之间,通过企业内部网(Intranet)的方式处理与交换商贸信息。企业内部网是一种有效的商务工具,通过防火墙,企业将自己的内部网与 Internet 隔离,它可以用来自动处理商务操作及工作流,增强对重要系统和关键数据的存取,共享经验,共同解决客户问题,并保持组织间的联系。通过企业内部的电子商务,可以给企业带来如下好处:增加商务活动处理的敏捷性,对市场状况能更快的作出反应,能更好地为客户提供服务。

2. 企业间的电子商务(简称为 B-B 模式)

即企业与企业(Business-Business)之间,通过 INTERNET 或专用网方式进行电子商务活动。企业间的电子商务是电子商务 3 种模式中最值得关注和探讨的,因为它最具有发展的潜力。据 IDG 公司 1997 年 9 月的统计,1997 年全球在 INTERNET 网上进行的电子商务金额为 100 亿美元,其中企业间的商务活动占 79%。Forrester 研究公司预计企业间的商务活动将以三倍于企业——个人间电子商务的速度发展。这是因为,在现实物理世界中,企业间的商务贸易额是消费者直接购买的 10 倍。

3.企业与消费者之间的电子商务(简称为 B－C 模式)

即企业通过 INTERNET 为消费者提供一个新型的购物环境——网上商店,消费者通过网络在网上购物、网上支付。由于这种模式节省了客户和企业双方的时间和空间,大大提高了交易效率,节省了不必要的开支,因此网上购物将成为电子商务的一个最热门的话题。

三、电子商务整体解决方案

席卷全球的电子商务,正迅速地改变着传统的企业经营模式,面对强手林立的竞争对手,建立适合企业自身发展的电子商务网站,无疑是增强竞争力的新手段。对于那些正考虑着手建立网站以及已经拥有独立站点的企业,都必须考虑以下几个影响企业电子商务成败与否的决定性因素。

(一)站点核心

顾客在访问你的站点时,关心的不是企业管理者的个人信息,也不是企业的机构设置,而是你能生产什么商品或提供什么服务,商品与服务的质量、价格如何,以及售后服务等信息。因此,在以生产商品为核心的企业,产品便成了整个站点建设的基本核心;在以提供服务为核心的企业,服务就成为建站的核心内容。商品信息通常包括:商品名称、用途规格、性能、价格、生产标准以及图片等资料;对服务则通常应包括:服务名称、内容、范围以及价格等信息。

(二)站点标准

企业网站是企业与客户通过 Internet 进行沟通与交流的平台,是企业进行宣传的窗口。所以,企业在建站时必须考虑到站点是否符合国际通行标准,主要包括:

(1)网站必须具有营销站点的基本功能,包括能够方便顾客进行登录查询、定购等基本功能。

(2)产品类别、规格或名称必须符合国际标准。

(3)产品信息的发布、查询、反馈要符合国际惯例。

(4)站点域名要符合国际标准。站点域名好比一个门牌号码,域名应尽量简洁明了,以方便记忆或搜索,最好用国际顶级域名。

一个成功的营销站点必须符合国际标准,否则可能会造成客户在你的站点上无法找到他想了解在产品及其信息,无法与企业通过 Internet 建立贸易联系,从而失去了商机。

(三)站点更新

在国内大多数企业网站自建成后就不再更新,造成这种结果原因是多方面的。其一是企业管理不善,管理层还没有充分意识到网络营销的市场潜力;其二是技术因素,由于网站维护是一项技术性较强的工作,因此一般人员无法完成,要充分发挥网站的市场的功能,及时更新最新的产品信息。企业必须给予足够的资金与技术支持,但目前武汉市已有几家专门从事网络工程的公司却针对这一问题提供了性价比极高的建站解决方案,他们为企业提供从域名申请、网页制作、网站宣传以及后继维护(免费)等"一条龙"服务举措,这一方案无疑解决了企业的后顾之忧。

(四)信息交流

当客户在你的站点上找到他感兴趣的产品时,站点如何针对该产品及时快速地提供报价和反馈功能,这不单单是通过 E-mail 方式就能实现的。站点还必须提供相应的信息模块,使顾客能够在最短的时间内得到他需要的信息。同时,业务部门应该及时查收反馈信息并及时给予回复。

(五)网上营销

当网站建成后,就应该马上投入营销阶段,提高网站知名度,增加访问量,尤其是同行业内的访问量。目前大多数企业都十分注重如何提高站点访问率,提高站点访问率的主要方法就是利用各搜索引擎或目录服务站点进行登记注册,以及在有影响力的站点上做文字或图片链接。但是 必须意识到有了较高的访问率并不意味着有较高的购买率,只有在对口的用户群中寻找潜在客户、潜在购买力才可能具有较高的购买率。因此,只有在同行业的用户群中通过网络技术手段,在网上制造影响并与传统的宣传方式相结合,才能达到较为理想的效果。

四、怎么开展电子商务

现代电子商务技术已经集中于网络商店的建立和运作。网络商店和真实商店在部门结构和功能上没有区别,不同点在于其实现这些功能和结构的方法以及商务运作的方式。

网络商店从前台看是一种特殊的 WEB 服务器。现代 WEB 网站的多媒体支持和良好的交互性功能成为建立这种虚拟商店的基础,使得顾客可以像在真实的超级市场一样推着购物车挑选商品,并最后在付款台结账。这也就构成网上商店软件的三大支柱:商品目录、顾客购物车和付款台。好的商品目录可以使顾客通过最简单的方式找到其需要的商品,并可以通过文字说明、图像显示、客户评论等充分了解产品各种信息;商品购物车则衔接商店和个人,客户既可以把他喜欢的商品一个个放到购物车里,也可以从购物车中取出,直到最后付款;付款台是网络交易的最终环节,也是最关键的环节。顾客运用某种电子货币和商店进行交易必须对顾客和商店都是安全可靠的。

在美国,网上商店收取信用卡必须具备三个条件:

(1)需要在美国的某个商业银行中建立一个商业账户,这个账户使你可以进行接收信用卡支付和处理信用卡业务,最终获得资金。

(2)必须为直接商品购买者提供一个符合 SSL 规范的加密站点用于他们安全地提交自己的信用卡资料,在保证他们提交的信息准确可靠的同时,还必须保证这些资料不被第三方窃取。美中通联通过和美国最大的 CA 中心"Verisign"合作建立这种用户可以高度信任的加密站点为客户服务。

(3)购买者提供的信用卡资料将直接被送到专门提供信用卡服务的专业公司(支付网关)进行处理,他们将进行信用卡的验证、转账,最终将资金转入商业账户。美中通联的合作伙伴 Cybercash 也是美国最为著名的网络支付提供商。不但可以提供 VISA、万事达信用卡服务业务,同时也提供 American Express、Discover 等信用卡的支付,以及 Digital Cash、Digital Coins,Smart Card 等电子货币的结算方式。而在网络商店的背后,企业首先要具备商品的存储仓库和管理机构;其次,要将网络上销售的产品通过邮政或其他渠道投递到顾客手里;第三,企业同样要负责产品的售后服务,这种服务可能是通过网络的,也可能不是。

网络交易通常是一种"先交钱后拿货"的购物方式。对客户而言,其方便处在于购得的商品会直接投递到自己家里,而难以放心的是在商品到达手中之前并不能确认到自己手中的究竟是什么。因此,网络商店的信誉和服务质量实际上是电子商务成功与否的关键。

下述几个方面是建立一个网上商店必备的。

商店名称:它就像是注册商标,在网络上称为域名,整个网络世界它是唯一的。一个与您公司名称相关的网络名称可以使顾客更容易记住您的商店。

商店地点:也就是开设您的商店的网络服务器地址,高速的网络连接,就像是把商店开设在闹市黄金地段,可以使顾客快速容易地抵达,这对客户的影响是十分关键的。

商店装修:网站的设计对用户来讲自然非常重要,动人的网页就像一流装修的商场,不但吸引顾客,而且增加顾客的信心。

货物摆放:在网上商店中,其反映在如何建立商品的目录结构,提供何种网站导航和搜索功能,以使得用户可以快速、便利地寻找到他需要的商品和相关信息。

购物车:方便灵巧的购物车可以使顾客感觉到受到良好的服务,增加顾客的信心。它是连接商品和付款台的关键环节。

货币结算:支付系统是网络交易的重要环节。在美国和欧洲,信用卡已经成为最普遍的电子交易方式。通过提供必要的个人信用卡资料,商店就可以通过银行计算机网络与顾客进行结算。这也是建立网络商店的必要条件。而且货币结算的安全可靠,不但关系到顾客的切身利益,同时直接关系到您商业经营的安全可靠。

商品盘点更新:对网络商店的日常维护,例如去除销售完的商品,摆上新货等,是必须经常进行的业务。

库存商品管理:后勤保证是任何商务运作的基础。无论网络商店还是真实商店,货物和货币都是一样真实的,对库存货物的存储和管理也是一样真实的。

商品最终送达用户:网上购物实际上是邮购。最后一个步骤自然是通过邮政或其他系统将货物快速可靠地送达最终用户手中。

售后服务:不言而喻,这同样是现代商品销售的重要环节。而网络技术可以为用户提供 24 小时不间断的服务,这也是网络商店的优势之一。通常网络商店还要提供 30 天的退/换货承诺。

因此,一个企业在进入电子商务领域时必须考虑如下的问题:如何申请一个自己的域名? 如何设立一个电子商务服务器? 服务器如何和 Internet 连接? 如何设计这个网上商店,实现各种功能? 谁来设计? 谁来维护这个网站? 如何实现在线交易? 如何安全可靠地进行网络电子货币结算? 网上商店和商品库存之间如何协调? 如何快速便利地将商品投递到用户手中? 售后服务如何进行?

第二节　计算机网络概述

现在我们所说的电子商务,通常都是通过互联网来实现的。因此,我们有必要对互联网有所了解。

一、计算机网络的概念

所谓计算机网络,是指互连起来的能独立自主的计算机集合。

这里"互连"意味着互相连接的两台或两台以上的计算机能够互相交换信息,达到资源共享的目的。

而"独立自主"是指每台计算机的工作是独立的,任何一台计算机都不能干预其他计算机的工作。例如启动、停止等,任意两台计算机之间没有主从关系。

从这个简单的定义可以看出,计算机网络涉及到三个方面的问题:

(1)两台或两台以上的计算机相互连接起来才能构成网络,达到资源共享的目的。

(2)两台或两台以上的计算机连接,互相通信交换信息,需要有一条通道。这条通道的连接是物理的,由硬件实现,这就是连接介质(有时称为信息传输介质)。它们可以是双绞线、同轴电缆或光纤等"有线"介质;也可以是激光、微波或卫星等"无线"介质。

(3)计算机之间要通信交换信息,彼此就需要有某些约定和规则,这就是协议。

因此,我们可以把计算机网络定义为:把分布在不同地点且具有独立功能的多个计算机,通过通信设备和线路连接起来,在功能完善的网络软件运行下,以实现网络中资源共享为目标的系统。

二、计算机网络的分类

网络就规模大小和联网计算机的远近而言,可以分为网际网(Internet Work)、广域网(WAN,Wide Area Network)、城域网(MAN,Metropolitan Area Network)和局域网(LAN,Local Area Network)。

网际网通常连接着处于同一大洲或同一地域范围内的多个国家,Internet(因特网)就是世界上最大网际网。

广域网一般指连接一个国家的各个地区的网络。目前,很多全国性的计算机网络就属于这类网络,如邮电部的 CHINANET(中国公网)、国家教育部的 CERNET(教育网)、中国科学院的 NCFC(科技网)和电子部的 CHINAGBN(经济网)等。

城域网又称都市网,它的覆盖范围一般为一个城市。

局域网的地理分布相对较小,例如一个建筑物或一所学校甚至一个房间等。近年来,局域网在我国得到飞速发展,许多工厂、机关和学校等都先后建立了自己的计算机局域网。局域网是目前计算机网络技术应用最活跃的一个分支。

三、局域网的基本组成

局域网是一种分布范围较小的计算机网络。它一般由网络服务器、用户工作站、网络适配器(网卡)、传输介质以及网络操作系统软件等五个部分组成。

(一)网络服务器

网络服务器是网络的控制核心部件,一般由高档微机或由具有大容量硬盘的专用服务器担任。局域网的操作系统就运行在服务器上,所有的工作站都以此服务器为中心,网络工作站之间的数据传输均需要服务器作为媒介。

(二)工作站

在网络环境中,工作站是网络的前端窗口,用户通过它访问网络的共享资源。通常用做工作站的机器是 386、486 和 586 等微机。这些微机通过插在其中的网卡,经传输介质与网络服务器连接,用户便可以通过工作站向局域网请求服务并访问共享的资源。

(三)网卡

通过网卡,将工作站或服务器连接到网络上,实现网络资源共享和相互通信。

(四)传输介质

传输介质是网络中信息传输的媒体,是网络通信的物质基础之一。在局域网中常用的传输介质有双绞线、同轴电缆和光导纤维等。

(五)网络操作系统

网络操作系统安装在网络服务器上,管理网络资源和网络应用,控制网上的通信和网上用户的访问。

网络操作系统主要有 Unix、Windows NT、Novell NetWare 等。目前,大多数用户逐步倾向于选择 Windows NT 网络操作系统。

四、局域网的主要功能

单位构建自己的局域网,主要是面向单位内部员工,一般只有内部用户才能访问,它被用做一种内部管理的工具,着眼于内部的信息交流或沟通。下面从几个方面的具体应用来进一步说明局域网的主要功能。

(一)共享文件

在单机运行的状态下,各台计算机上的信息无法直接进行相互访问,如果大家都需要同一台计算机上的同一个文件,就不得不用软盘把这一文件拷贝出来,然后再把它拷贝到大家各自的计算机上。这样做很烦琐,但有了网络,就可以把这一文件共享出来,让大家直接去存取它。

(二)共享硬件

在网络上,不仅可以共享文件,还可以共享计算机上的资源设备,如共享打印机。有了网络,如果你的计算机没有安装打印机,你要想打印自己计算机上的某个文件,就可以直接使用网络上共享的打印机,而不必将此文件拷贝到软盘上,再拿到安装了打印机的计算机上去打印了。此外,还可以共享 CD－ROM、硬盘、软盘、调制解调器、扫描仪等。

(三)共享数据库

有了网络,就可以把数据存储在网络服务器上的数据库中,那么通过专门编写的应用程序,网上的各个用户在自己的计算机上就能轻松、便利地操纵数据了。

（四）信息传递

计算机网络是信息传播与交流的重要渠道。你可以从网络上查询对自己有价值的信息，也可以把你的信息发布出去，你还可以在网上轻松自如地收发电子邮件，具有简便快捷的特点。

（五）保存信息

在单机环境中，信息保存在单个的计算机上，很难做到数据的有效备份，由于操作的失误或偶然的因素而丢失重要的数据。但在网络环境中，可将数据备份到一个中央位置，一旦数据丢失，也能进行恢复，有效地保存了信息。

（六）保护信息

在单机环境中，用户只要进入计算机，就能操纵其中的数据。而在网络环境中，对重要的数据提供了更安全的环境，它可以为每个网络用户分配一个不同的用户名和口令，并赋予他们不同的权限，从而能够区分不同的用户访问不同的信息，保护信息不受非法用户的侵犯。

（七）Internet 功能

通过路由器或代理服务器，将局域网联入 Internet 后，局域网用户就可以通过代理服务器访问 Internet，浏览网上资源、查询信息、收发外部电子邮件等，就好像是直接上网。

（八）远程访问功能

当用户因出差或在家，远离办公室时，可通过拨号连接方式登录局域网。远程用户与局域网用户一样都是在局域网环境下工作，只是连接的速度比较慢。

（九）与其他局域网互联

在条件成熟时，可与其他局域网互联，实现各项资源共享。

五、Internet 的构成

Internet（因特网）就是世界上最大的网际网。它将许多国家连接在一起，使人们坐在家里就能与世界各地联络，鼠标一点就能访问世界各地的网站，它是将各地的广域网、城域网或局域网连在一起，构成的一个大网络。

第三节　如何上网冲浪

目前最流行的 WWW 浏览器有两种：网景公司的 Netscape 和微软公司的 Internet Explorer（以下简称 IE），这两种浏览器在使用界面和支持功能上各有特点，但从初学者基本的使用角度上讲并没有本质性的区别，只要熟悉其中的一种就可以基本掌握另一种的主要概念和基本应用。

一、用浏览器访问

在浏览器上方的地址栏内，键入所需要的网站的正确域名（网址），如图 5.1 所示，按回车键确定，将可进入你要看的网页。例如，输入 http://www.online.ha.cn 就可以进入河南信息港的网站。

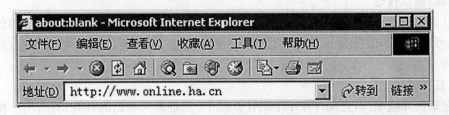

图 5.1　地址栏

　　如果我们输入的网址没有错误,则会进入某某站点。将鼠标在主页上移动,出现手型指针的位置都是链接,通过单击鼠标左键就可以打开链接。例如,将鼠标移到"申请"链接项,鼠标指针变成了手型,然后单击鼠标左键,就可以打开该网页。

　　但是,世界上有成千上万个网站,每一个网站就有一个域名,你要记住这些英文标识的域名是一件很难的事,所以市场上出现了一些《网址大全》的书,供使用者查阅。但是这也不方便,一些开发商开发出了叫做网络实名或通用网址的上网方法,利用这种方法,只要某个网站或某个单位经过注册,那么在地址栏中输入它的中文名称就可进入其网站,另外市场上最近提出了一种神笔数码上网直通车的软件,实际上也可以说是一个网址搜索器,用这个软件直接在键盘上点击"U"(代表机构、单位的意思),然后按照该单位的中文名称中每一个字的汉语拼音的第一个字母,在键盘上依次点击,就会在屏幕上看到该机构的网址,如果该网址在第一位,那么就点击空格键,然后再点击回车键,就可以立即进入该网站;如果该网址在第二位,那么就点击左 shift 键;如果该网址在第三位,那么就点击右 shift 键,然后再点击回车键,就可以立即进入该网站。这种方法也叫做"一步到位法"。不需要敲汉字,这又进一步方便了上网者。例如,要进入解放军报的网站,只要调用这个软件,在键盘上输入 ujfjb 就会出现下面所示的窗口,此时,按回车键就可直接进入解放军报的网站。如图 5.2 和图 5.3 所示。

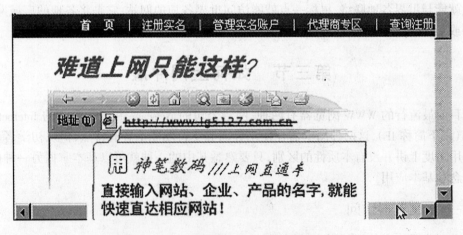

图 5.2　利用上网直通车软件上网示意图(1)

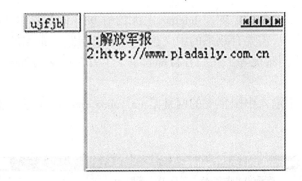

图 5.3　利用上网直通车软件上网示意图(2)

几项基本操作:

(1)停止。在调网页的过程中,浏览器会在下方的状态栏中显示当时连接的状态和进程,您可以随时点工具栏中的"Stop"停止本次连接请求。

(2)超级链接。当网页显示出来以后,移动光标,您会发现在有些文字和图像的地方,光标变成了一个"手掌",这就是提醒您此处有链接,可以指向其他 URL 资源,用鼠标左键点该链接即可跳转到该链接所指向的网页内容中。通过这种方式您可以很方便地从一个页面跳到 Internet 上的某一个其他页面,而不用预先知道它的 URL 地址,这也是 WWW 的极佳特色之一。

(3)前进后退。工具栏中的"Back"、"Forward"及"go"可以使您很方便地向前或向后到自己刚才点过的某个页面,而不用在编辑框内再次输入 URL 的地址。

二、使用收藏夹

在网上浏览过程中,您可能经常会发现自己喜欢的站点或者经常需要浏览的内容,这时您该做的是把这些站点保存在您的个人收藏夹里(浏览器选单里的 Bookmark 项或"个人收藏夹"项),这样下次您再访问该站点时只要打开收藏夹,点击您喜欢的网站即可。收藏夹的内容最好经常作分类整理和更新,以免收藏夹内容过多时造成自己的混乱。

三、善于搜索

(一)使用搜索引擎

掌握"冲浪"技巧后,就是选择路线了,初学上网的人可能都会被网上浩如烟海的站点资源所淹没,往往很难找到自己所要查找的网上资源,幸好,网上有相当多的搜索引擎站点对网上信息进行了分类,并且提供了快速匹配查询的机制。只要输入待查询的内容的一些关键词,搜索引擎就可以为您提供一些相关的网上资源,这样顺藤摸瓜,一般都可以获得不少自己需要的东西。

所谓搜索引擎,就是在 Internet 上执行信息搜索的专门站点,它们可以对主页进行分类与搜索。如果输入一个特定的搜索词,搜索引擎就会自动进入索引清单,将所有与搜索词相匹配的内容找出,并显示一个指向存放这些信息的连接清单。

目前,Internet 中有一些著名的搜索引擎,例如 Sohu、Yahoo,等等。掌握它们的使用方法,对提高搜索效率很有帮助。现在 Internet 上大约有 98% 的信息以英文形式出现,因此对于上网的中国人来说,需要有熟悉的中文搜索引擎来指路。常用的中文搜索引擎有搜狐、网易、新浪网和中国雅虎等。它们各自都收录了上万个中文的 Internet 站点,其友好的中文界面很受欢迎。

例如:在地址栏中输入中国雅虎的网址是 cn.yahoo.com,回车进入雅虎网的站点。如图 5.4 所示。

图 5.4　搜索示意图

在图 5.4 所示的输入框中输入"自行车"几个字,再按回车键或用鼠标点击检索按钮就可搜索到很多与自行车相关的网站。

(二)使用搜索助手

我们一般在查找需要的信息的时候,往往借助于上述的搜索工具、搜索引擎,如 sohu、sina 的搜索引擎等。但是我们要进行搜索,必须先进入到拥有这些引擎的站点。IE5.0 出现以后,我们便可以不进入到这些站点,而直接利用 IE5.0 进行搜索工作。这便是搜索助手。

使用搜索助手的方法如下:

(1)单击工具栏上的"搜索"按钮　，此时浏览器便被分成左右两个窗口,左边是搜索栏(见图 5.5),在这里我们可以利用 IE 的 excite 搜索引擎来查找信息;右边是网页部分。

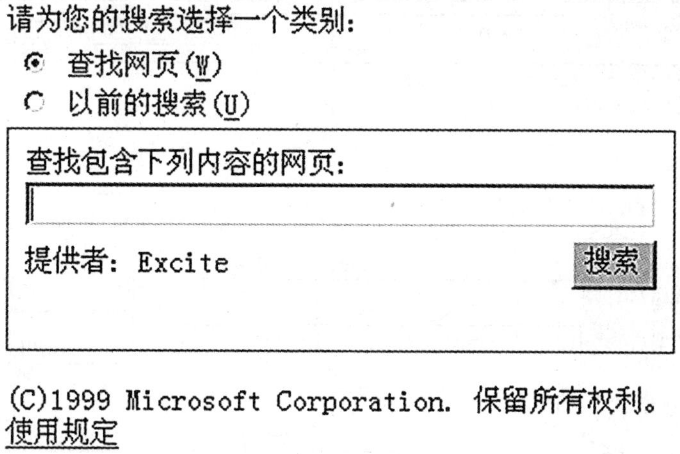

请为您的搜索选择一个类别：

　　◉　查找网页(W)
　　○　以前的搜索(U)

查找包含下列内容的网页：

提供者：Excite　　　　　　　　　　　　　　搜索

(C)1999 Microsoft Corporation. 保留所有权利。
使用规定

图 5.5　搜索栏

(2)在搜索框中输入待查询的关键词,点击"搜索"按钮。

(3)单击搜索栏搜索显示的结果,右边便会链接到相应的网页上。

(4)单击搜索栏左上角的"新建"(new)按钮,可以开启一个新的搜索窗口,在这里我们可以输入新的关键字进行查询。工具还记住上几次的查询结果,只要我们选择"以前的搜索"选项,在搜索出口中会列出最近的查询。当然,IE 不可能记住无限多个查询结果,这里最多是 10 个。

四、保存当前网页的全部内容

完整的保存当前网页的全内容的方法如下：

(1)进入待保存的网页,单击"文件(File)"菜单,选择"另存为 …(Save as)"命令,进入到"保存 Web 页"对话框(见图 5.6)。

(2)指定文件保存的位置、文件名称和文件类型;文件类型是指保存文件为 Web 页(＊.html,＊.htm),Web 电子邮件档案(＊.mht),文本(＊.txt)等。这里我们通常选择 Web 页全部。

(3)文件编码一般选择"简体中文(GB2312)"即可。

(4)单击保存按钮。

IE5.0 与其他的 Internet Explorer 不同,它可以保存当前网页的全部内容,包括图像、框架和样式等。

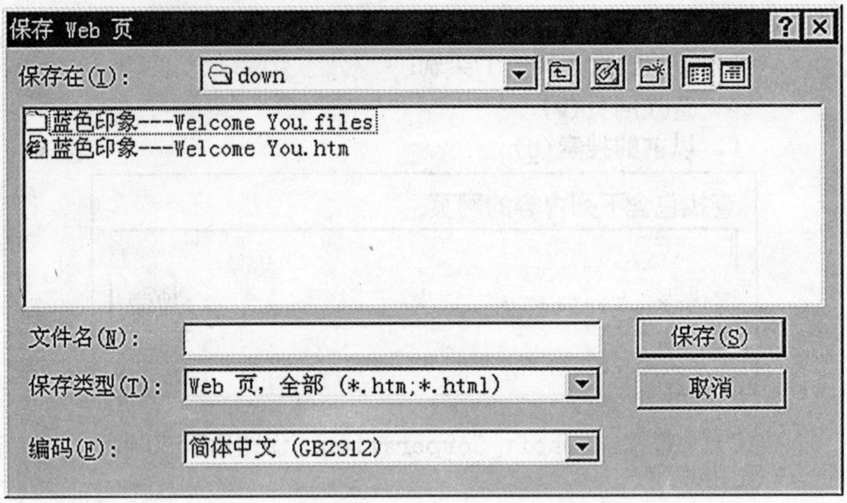

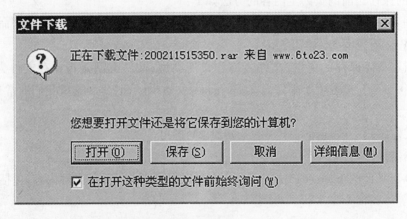

图 5.6　保存网页示意图

这样一个完整的页面就保存到自己的硬盘上了。

五、下载资料

很多 WWW 站点都提供了大量的免费或共享软件以供下载，这是 Internet 很吸引人的一个特点。在 Internet 上浏览时，遇到我们感觉不错的程序，就想把它保存到我们电脑的硬盘上。当我们点击"下载"以后，就会弹出"文件下载"对话框，如图 5.7 所示。在"文件下载"对话框中，单击"保存"按钮，弹出"另存为"对话框，如图 5.8 所示。在"保存在"下拉框中，首先选择将下载文件保存在哪个目录下，然后单击"保存"按钮。

图 5.7　"文件下载"对话框

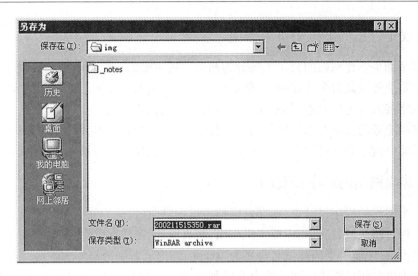

图 5.8 "另存为"对话框

这时,将会弹出下载状态对话框(见图 5.9),在这里显示了估计剩余时间、下载到、传输速度等状态信息。如果要终止下载过程,单击"取消"按钮。在完成下载后,系统会自动关闭下载状态对话框。

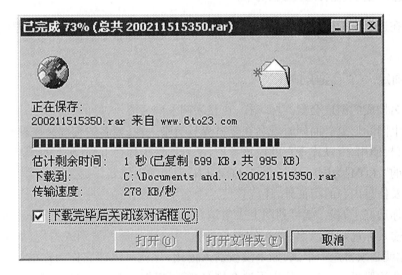

图 5.9 下载状态对话框

第四节 建立自己的网站

在互联网上我们不仅要查看、搜索、搜集别人网站上的信息,我们还要把自己的信息发布在网上让别人查看。其中一个方法就是建立自己的网站,把自己的企业状况、产品信息及时地发布到网上让别人查看,而建立自己网站,则需要做以下几项工作。

一、找个合适的虚拟主机服务商

可以帮助企业建网站的公司主要分为两类。最主要的一类是虚拟主机服务商（IPP），他们的主要业务就是帮企业建网站，他们经验丰富，提供的服务也较为全面、周到。另一类是以网络接入为主要业务的 ISP 和以 BTOB 为方向的内容提供商（ICP）。这些以往不专门从事这项业务的公司近来发现，帮企业建网这一市场颇具潜力，因此他们中比较有实力的公司开始将这项业务也纳入自己的主要业务范围，比如东方网景、世纪互联等。

二、建立网站的程序和费用

建一个网站的程序很简单，选择好虚拟主机提供商后，他们就会帮助完成企业建网的大部分工作。即从域名注册、虚拟主机租用、网页设计、网站推广、直至电子商务。

一般而言，注册一个国际域名每年为 100 元，国内域名则为每年 300 元；租用一个 100 兆的虚拟主机空间对刚建立网站的企业已足够使用，价格约为每月 35 元；设计及制作普通的网页约 150 元一页，普通企业初始时只需制作四五页，主页则在 300 元左右；若需要服务商帮忙在搜索引擎上链接进行网站推广，需花费约 300 元。总的算起来，建立一个简单的企业网站每年的花费只在千元左右。

三、怎样选择虚拟主机服务商

企业在选择虚拟主机服务商时，第一要看速度，第二要看服务，最后要考虑的才是价格。

四、确定一个合适的域名

由域名构成的网址会像商标一样，在互联网上广为流传，好的域名有助于你将来塑造自己的网上国际形象。而同时域名在全世界具有唯一性，域名的资源又比较有限，谁先注册，谁就有权使用，所以你现在就应该考虑，是否要保护你在 Internet 上的无形资产。

常见的".COM"为国际域名，而".COM.CN"则为国内域名。定义域名除了要考虑公司的性质以及信息内容的特征外，还应该使这个名字简洁、易记、具有冲击力。

如果你选好了域名，就可到网上去申请，进入域名注册网站 http://www.idcpt.com，在输入框内输入你选好的域名，就可知道你所选用的域名是否被别人占用，如果被别人占用，那么你就必须再选一个试，如果没被别人占用，你就可以让它作为你的域名。这时你就可以交费注册了。一旦你使用了这个域名，就可以把这个域名印在你的名片上，或你公司的所有宣传资料上，有意识地宣传推广你的网站。域名一般情况下不要更改，否则，在搜索引擎中就难以找到你。

五、租用虚拟服务器空间

有了自己的域名这个门牌号码后，你就需要一个空间盖房子建立自己的公司，而这个空间在 Internet 上就是服务器。

虚拟主机放在国内，国内用户访问速度快，但国外用户访问速度慢；服务器放在国外，国外用户访问速度快,国内用户访问速度较慢。如果你想让国内、国外的用户访问速度都快,就需要做双镜像,即在国内国外同时租用虚拟主机。

一般虚拟主机提供商都能向用户提供 10 兆、30 兆、50 兆、100 兆直到一台服务器的虚拟主机空间。用户可视网站的内容设置及其发展前景来选择。一页网页所占的磁盘空间 20 ~ 50 千字节,10 兆一般可以放置 200 ~ 500 页,但如果你对网站有特殊的要求,如图片较多、动画较多、需要文件下载或有数据库等,就需要多一些空间。一般用户有 30 兆虚拟主机空间就够了。

六、设计网页

你可以自己设计制作网页,也可以通过虚拟主机提供商或专业的网页设计制作商制作网页。选择网页设计商最主要是看其设计水平及价格。一般虚拟主机服务商的设计报价会低一些,因为他们会跟空间租用等业务捆绑。

七、网站推广

首先,企业自身要有推广网站的意识。在任何出现公司信息的地方都加上公司的网址,如名片、办公用品、宣传材料、媒体广告等。

此外,搜索引擎登记是目前网站主要的推广方式。你可以通过网络服务商将你的站点登记到全球知名的搜索引擎和目录服务站中去。你的站点应该在尽可能多的地方登记注册,这样就会有更多的用户通过搜索引擎或目录服务站查到你的网址,进而访问你的站点。这样一来,不但你的网站能够很容易地被人找到,而且访问者的数量也会激增。

第五节　如何在网上做生意

一、收发电子邮件

电子邮件,或者说 E-mail,负责处理网络上用户之间的通信。与传统的纸质信件相比,E-mail 是一种更为有效的通信方式。不用苦等邮递员送到的一张纸片,你可以把信息的电子版直接送到某人的电子邮箱。电子邮件还可以帮你避免电话占线的麻烦。

电子邮件实际上是从一个用户经过电子传送到另外一个用户的信件。电子邮件的信息是存放在服务器上,你要阅读邮件时,服务器会把信息传送到你当前工作电脑上;当你登录进入电子邮件系统后检查你的邮件,你还未阅读的邮件会作为新邮件被列出。你可以进行选择并在你自己的计算机屏幕上阅读、打印、删除、回复、转发或者存储邮件。因而电子邮件系统所使用的技术被称为存储转发技术。

电子邮箱功能很强大,不仅能传送文字还能传送图片、软件,并且现在大部分都是免费的,人与人之间的通信完全是免费的,比打电话还经济,可以替代传真,联系业务,传送文件,签定协议,向用户发送产品介绍、公司简介等都可用电子邮件进行,现在每一个人都应该有一个自己的电子邮箱,你的朋友、你的客户都可以随时给你发信,方便得很。

电子邮件账号中有一个@的符号,通称叫做"小老鼠",念音跟英文的"at"一样,表示

"在"的意思。@左边代表着使用者的账号,右边则是使用者所在的网域或是它的电子邮件服务器。比如说,163@163.net 这个电子邮件地址,就是"163@163.net 网域"的意思。

(一)注册一个电子邮箱

现在许多运营商都提供免费电子邮箱的服务,任何人都可以进入其主页进行免费注册,一旦注册成功,你便拥有一个电子邮箱账号,你可以将你的电子邮箱账号印在你的名片上,别人知道了你的电子邮箱账号就可以给你发信了。

现在介绍一下如何才能拥有免费邮箱:

首先确定选用哪一个电子信箱运营商提供的免费电子邮箱,如:雅虎信箱(http://www.sbsm2.com/gjb/yhxx.htm)、163 信箱(http://www.163.com)、搜狐信箱(http://www.sbsm2.com/gjb/shxx.htm),不过现在不管哪一个运营商提供的电子信箱功能都差不多,没有什么可选择的,随便哪一个都可以,现在以 163 信箱为例。

(1)在地址一栏中输入 http://mail.163.com,按一下回车,会出现主页界面,然后将鼠标指针移动到页面上方的"注册免费邮箱"字样上面,用鼠标左键点击一下,进入通行证注册页面,确认网易公司服务条款。

(2)选择用户名。现在进入了注册过程了,第一步是为邮箱取一个名字,名字可以任意选择,不过只能用英文字母、数字和下划线组成,建议选择和自己名字比较接近的用户名,便于记忆。

(3)输入邮箱密码。这个也是你自己随意编的,密码至少要有 6 个以上的字符。然后"重复密码"把刚刚输入的密码再输入一遍。"查询密码问题"和"查询密码答案"是当你忘记密码的时候,可以通过回答这个问题来找回密码。例如密码问题输入"我的儿子(或者女儿)是谁,然后答案就输入儿子或者女儿的名字,肯定不会忘记。验证码就输入旁边蓝色长方条子内显示的数字。输入完毕后,将鼠标指针移动到页面最下方,用鼠标左键按一下"提交"。

(4)输入安全码。安全码是除有效证件之外最高级别的账号保护措施。利用安全码不仅可以修复登录密码,还可以修改密码提示问题及答案、重新设置保密邮箱,以及在发现账号被盗时冻结账号以减少损失等。特别提醒:安全码一旦设定,将无法自行修改,请您一定妥善保存!

(5)最后点击提交表单。接下来就会出现一个"注册完成"的页面,提示你注册成功了。现在你就拥有一个免费的电子邮箱了。这里强烈建议你把你的邮箱地址和密码用纸笔记录下来,以防忘记。将鼠标指针移动到页面中间"立即登录你的邮箱"这个按钮上,用鼠标左键点击一下。马上进入你的邮箱。

(二)收发邮件

进入邮箱登录界面,然后输入你的邮箱名字和密码,输入好以后,用鼠标左键按一下下面的"登录"按钮。就会进入你的邮箱。进入邮箱后,会看到邮件的管理页面。你可以在这里查看邮件和写邮件发送给别人。

查看电子邮件很简单,当别人给你发来电子邮件时,电子邮箱的页面上就会有提示,你只要点击上面的收件箱将可查看。但发一个邮件却不是一件简单的事,假如现在你给别人发电子邮件,那么你首先要点击页面左上方的"写信"按钮,就会出现一个页面如图

5.10所示。在"发给"一栏中，填写你朋友的邮箱地址。比如 laozhangtou@citiz.net。@这个符号，先按一下键盘最左边底下倒数第二个的长条型的 shift 键，在按一下键盘左面上方的数字键2，就可以出来。主题就是信件的标题，这里你可以写你这封信的目的。比如你想向老张问个好，主题就可以写"老张，你好啊"。要是你想通知你亲戚家里的小孩考上大学，主题就可以写"佳佳今年考上了北京大学"。下面一个大方框里面就是写邮件的主要内容了。

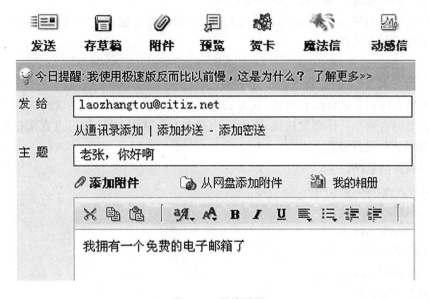

图5.10　写信页面

写好内容后，点击页面上方的"发送"，邮件就开始被发送了。

二、发布信息

除了利用电子邮件对外发布信息外，还可利用聊天室、网络论坛对外发布信息，另外现在网上还有许多网站提供免费的信息发布平台，下面给出一些免费信息发布网站的网址，你可以直接登录按提示填写的表格，输入企业基本信息然后提交完成。信息提交后，就可上传发布至信息平台，供人们浏览。

全国农村供求信息发布中心：

http://www.linju.net/nyt

全国农村供求信息网：

http://gongqiu.agri.org.cn/gongqiu/zhijie

杞县农业发布信息网：

http://www.qxagri.gov.cn/mysupply/submit.asp

工程指标采购网：

http://www.sbsm2.com/zb/index.asp

河南农业信息网：

http://www.haagri.gov.cn

新浪企业黄页：

http://yp.sina.net/qiugou.html

信息发布网：

http://www.xxfbw.com

商品信息发布：

http://www.sbsm2.com/xx/spxx/index.asp

还有很多此类网站，这里仅列出常见的几个，如果你还想在更多的网站上发布信息，你可以用搜索的方法找到。

三、查询信息

只要会上网就会进行信息查询，其方法就是用上述的上网方法，一般使用搜索引擎、神笔数码上网直通车软件会更快捷，下面给出几个农业常用网址，你可以直接在地址栏内输入这些网址上网查询。

中国农业信息网：

http://www.agri.gov.cn

中国农网：

http://aweb.com.cn

中国蔬菜信息网：

http://www.chinaveg.net

中国农村信息网：

http://www.rural-china.com.cn

特种动物信息网：

http://www.houshi.lyinfo.ha.cn

饲料信息服务网：

http://www.feeddeal.com.cn

中华神农网：

http://www.3sn.com.cn

九亿农网：

http://www.9e.net.cn

农业部：

http://www.agri.gov.cn

中国农水信息港：

http://www.nsxxg.com

附录:信息网络传播权保护条例

中华人民共和国国务院令

第 468 号

《信息网络传播权保护条例》已经2006年5月10日国务院第135次常务会议通过,现予公布,自2006年7月1日起施行。

总　理　温家宝
二〇〇六年五月十八日

信息网络传播权保护条例

第一条　为保护著作权人、表演者、录音录像制作者(以下统称权利人)的信息网络传播权,鼓励有益于社会主义精神文明、物质文明建设的作品的创作和传播,根据《中华人民共和国著作权法》(以下简称著作权法),制定本条例。

第二条　权利人享有的信息网络传播权受著作权法和本条例保护。除法律、行政法规另有规定的外,任何组织或者个人将他人的作品、表演、录音录像制品通过信息网络向公众提供,应当取得权利人许可,并支付报酬。

第三条　依法禁止提供的作品、表演、录音录像制品,不受本条例保护。

权利人行使信息网络传播权,不得违反宪法和法律、行政法规,不得损害公共利益。

第四条　为了保护信息网络传播权,权利人可以采取技术措施。

任何组织或者个人不得故意避开或者破坏技术措施,不得故意制造、进口或者向公众提供主要用于避开或者破坏技术措施的装置或者部件,不得故意为他人避开或者破坏技术措施提供技术服务。但是,法律、行政法规规定可以避开的除外。

第五条　未经权利人许可,任何组织或者个人不得进行下列行为:

(一)故意删除或者改变通过信息网络向公众提供的作品、表演、录音录像制品的权利管理电子信息,但由于技术上的原因无法避免删除或者改变的除外;

(二)通过信息网络向公众提供明知或者应知未经权利人许可被删除或者改变权利管理电子信息的作品、表演、录音录像制品。

第六条　通过信息网络提供他人作品,属于下列情形的,可以不经著作权人许可,不向其支付报酬:

(一)为介绍、评论某一作品或者说明某一问题,在向公众提供的作品中适当引用已经发表的作品;

（二）为报道时事新闻，在向公众提供的作品中不可避免地再现或者引用已经发表的作品；

（三）为学校课堂教学或者科学研究，向少数教学、科研人员提供少量已经发表的作品；

（四）国家机关为执行公务，在合理范围内向公众提供已经发表的作品；

（五）将中国公民、法人或者其他组织已经发表的、以汉语言文字创作的作品翻译成的少数民族语言文字作品，向中国境内少数民族提供；

（六）不以营利为目的，以盲人能够感知的独特方式向盲人提供已经发表的文字作品；

（七）向公众提供在信息网络上已经发表的关于政治、经济问题的时事性文章；

（八）向公众提供在公众集会上发表的讲话。

第七条　图书馆、档案馆、纪念馆、博物馆、美术馆等可以不经著作权人许可，通过信息网络向本馆馆舍内服务对象提供本馆收藏的合法出版的数字作品和依法为陈列或者保存版本的需要以数字化形式复制的作品，不向其支付报酬，但不得直接或者间接获得经济利益。当事人另有约定的除外。

前款规定的为陈列或者保存版本需要以数字化形式复制的作品，应当是已经损毁或者濒临损毁、丢失或者失窃，或者其存储格式已经过时，并且在市场上无法购买或者只能以明显高于标定的价格购买的作品。

第八条　为通过信息网络实施九年制义务教育或者国家教育规划，可以不经著作权人许可，使用其已经发表作品的片断或者短小的文字作品、音乐作品或者单幅的美术作品、摄影作品制作课件，由制作课件或者依法取得课件的远程教育机构通过信息网络向注册学生提供，但应当向著作权人支付报酬。

第九条　为扶助贫困，通过信息网络向农村地区的公众免费提供中国公民、法人或者其他组织已经发表的种植养殖、防病治病、防灾减灾等与扶助贫困有关的作品和适应基本文化需求的作品，网络服务提供者应当在提供前公告拟提供的作品及其作者、拟支付报酬的标准。自公告之日起30日内，著作权人不同意提供的，网络服务提供者不得提供其作品；自公告之日起满30日，著作权人没有异议的，网络服务提供者可以提供其作品，并按照公告的标准向著作权人支付报酬。网络服务提供者提供著作权人的作品后，著作权人不同意提供的，网络服务提供者应当立即删除著作权人的作品，并按照公告的标准向著作权人支付提供作品期间的报酬。

依照前款规定提供作品的，不得直接或者间接获得经济利益。

第十条　依照本条例规定不经著作权人许可、通过信息网络向公众提供其作品的，还应当遵守下列规定：

（一）除本条例第六条第（一）项至第（六）项、第七条规定的情形外，不得提供作者事先声明不许提供的作品；

（二）指明作品的名称和作者的姓名（名称）；

（三）依照本条例规定支付报酬；

（四）采取技术措施，防止本条例第七条、第八条、第九条规定的服务对象以外的其他人获得著作权人的作品，并防止本条例第七条规定的服务对象的复制行为对著作权人利

益造成实质性损害;

(五)不得侵犯著作权人依法享有的其他权利。

第十一条　通过信息网络提供他人表演、录音录像制品的,应当遵守本条例第六条至第十条的规定。

第十二条　属于下列情形的,可以避开技术措施,但不得向他人提供避开技术措施的技术、装置或者部件,不得侵犯权利人依法享有的其他权利:

(一)为学校课堂教学或者科学研究,通过信息网络向少数教学、科研人员提供已经发表的作品、表演、录音录像制品,而该作品、表演、录音录像制品只能通过信息网络获取;

(二)不以营利为目的,通过信息网络以盲人能够感知的独特方式向盲人提供已经发表的文字作品,而该作品只能通过信息网络获取;

(三)国家机关依照行政、司法程序执行公务;

(四)在信息网络上对计算机及其系统或者网络的安全性能进行测试。

第十三条　著作权行政管理部门为了查处侵犯信息网络传播权的行为,可以要求网络服务提供者提供涉嫌侵权的服务对象的姓名(名称)、联系方式、网络地址等资料。

第十四条　对提供信息存储空间或者提供搜索、链接服务的网络服务提供者,权利人认为其服务所涉及的作品、表演、录音录像制品,侵犯自己的信息网络传播权或者被删除、改变了自己的权利管理电子信息的,可以向该网络服务提供者提交书面通知,要求网络服务提供者删除该作品、表演、录音录像制品,或者断开与该作品、表演、录音录像制品的链接。通知书应当包含下列内容:

(一)权利人的姓名(名称)、联系方式和地址;

(二)要求删除或者断开链接的侵权作品、表演、录音录像制品的名称和网络地址;

(三)构成侵权的初步证明材料。

权利人应当对通知书的真实性负责。

第十五条　网络服务提供者接到权利人的通知书后,应当立即删除涉嫌侵权的作品、表演、录音录像制品,或者断开与涉嫌侵权的作品、表演、录音录像制品的链接,并同时将通知书转送提供作品、表演、录音录像制品的服务对象;服务对象网络地址不明、无法转送的,应当将通知书的内容同时在信息网络上公告。

第十六条　服务对象接到网络服务提供者转送的通知书后,认为其提供的作品、表演、录音录像制品未侵犯他人权利的,可以向网络服务提供者提交书面说明,要求恢复被删除的作品、表演、录音录像制品,或者恢复与被断开的作品、表演、录音录像制品的链接。书面说明应当包含下列内容:

(一)服务对象的姓名(名称)、联系方式和地址;

(二)要求恢复的作品、表演、录音录像制品的名称和网络地址;

(三)不构成侵权的初步证明材料。

服务对象应当对书面说明的真实性负责。

第十七条　网络服务提供者接到服务对象的书面说明后,应当立即恢复被删除的作品、表演、录音录像制品,或者可以恢复与被断开的作品、表演、录音录像制品的链接,同时将服务对象的书面说明转送权利人。权利人不得再通知网络服务提供者删除该作品、表演、录音录像制品,或者断开与该作品、表演、录音录像制品的链接。

第十八条　违反本条例规定,有下列侵权行为之一的,根据情况承担停止侵害、消除影响、赔礼道歉、赔偿损失等民事责任;同时损害公共利益的,可以由著作权行政管理部门责令停止侵权行为,没收违法所得,并可处以 10 万元以下的罚款;情节严重的,著作权行政管理部门可以没收主要用于提供网络服务的计算机等设备;构成犯罪的,依法追究刑事责任:

(一)通过信息网络擅自向公众提供他人的作品、表演、录音录像制品的;

(二)故意避开或者破坏技术措施的;

(三)故意删除或者改变通过信息网络向公众提供的作品、表演、录音录像制品的权利管理电子信息,或者通过信息网络向公众提供明知或者应知未经权利人许可而被删除或者改变权利管理电子信息的作品、表演、录音录像制品的;

(四)为扶助贫困通过信息网络向农村地区提供作品、表演、录音录像制品超过规定范围,或者未按照公告的标准支付报酬,或者在权利人不同意提供其作品、表演、录音录像制品后未立即删除的;

(五)通过信息网络提供他人的作品、表演、录音录像制品,未指明作品、表演、录音录像制品的名称或者作者、表演者、录音录像制作者的姓名(名称),或者未支付报酬,或者未依照本条例规定采取技术措施防止服务对象以外的其他人获得他人的作品、表演、录音录像制品,或者未防止服务对象的复制行为对权利人利益造成实质性损害的。

第十九条　违反本条例规定,有下列行为之一的,由著作权行政管理部门予以警告,没收违法所得,没收主要用于避开、破坏技术措施的装置或者部件;情节严重的,可以没收主要用于提供网络服务的计算机等设备,并可处以 10 万元以下的罚款;构成犯罪的,依法追究刑事责任:

(一)故意制造、进口或者向他人提供主要用于避开、破坏技术措施的装置或者部件,或者故意为他人避开或者破坏技术措施提供技术服务的;

(二)通过信息网络提供他人的作品、表演、录音录像制品,获得经济利益的;

(三)为扶助贫困通过信息网络向农村地区提供作品、表演、录音录像制品,未在提供前公告作品、表演、录音录像制品的名称和作者、表演者、录音录像制作者的姓名(名称)以及报酬标准的。

第二十条　网络服务提供者根据服务对象的指令提供网络自动接入服务,或者对服务对象提供的作品、表演、录音录像制品提供自动传输服务,并具备下列条件的,不承担赔偿责任:

(一)未选择并且未改变所传输的作品、表演、录音录像制品;

(二)向指定的服务对象提供该作品、表演、录音录像制品,并防止指定的服务对象以外的其他人获得。

第二十一条　网络服务提供者为提高网络传输效率,自动存储从其他网络服务提供者获得的作品、表演、录音录像制品,根据技术安排自动向服务对象提供,并具备下列条件的,不承担赔偿责任:

(一)未改变自动存储的作品、表演、录音录像制品;

(二)不影响提供作品、表演、录音录像制品的原网络服务提供者掌握服务对象获取该作品、表演、录音录像制品的情况;

(三)在原网络服务提供者修改、删除或者屏蔽该作品、表演、录音录像制品时,根据技术安排自动予以修改、删除或者屏蔽。

第二十二条 网络服务提供者为服务对象提供信息存储空间,供服务对象通过信息网络向公众提供作品、表演、录音录像制品,并具备下列条件的,不承担赔偿责任:

(一)明确标示该信息存储空间是为服务对象所提供,并公开网络服务提供者的名称、联系人、网络地址;

(二)未改变服务对象所提供的作品、表演、录音录像制品;

(三)不知道也没有合理的理由应当知道服务对象提供的作品、表演、录音录像制品侵权;

(四)未从服务对象提供作品、表演、录音录像制品中直接获得经济利益;

(五)在接到权利人的通知书后,根据本条例规定删除权利人认为侵权的作品、表演、录音录像制品。

第二十三条 网络服务提供者为服务对象提供搜索或者链接服务,在接到权利人的通知书后,根据本条例规定断开与侵权的作品、表演、录音录像制品的链接的,不承担赔偿责任;但是,明知或者应知所链接的作品、表演、录音录像制品侵权的,应当承担共同侵权责任。

第二十四条 因权利人的通知导致网络服务提供者错误删除作品、表演、录音录像制品,或者错误断开与作品、表演、录音录像制品的链接,给服务对象造成损失的,权利人应当承担赔偿责任。

第二十五条 网络服务提供者无正当理由拒绝提供或者拖延提供涉嫌侵权的服务对象的姓名(名称)、联系方式、网络地址等资料的,由著作权行政管理部门予以警告;情节严重的,没收主要用于提供网络服务的计算机等设备。

第二十六条 本条例下列用语的含义:

信息网络传播权,是指以有线或者无线方式向公众提供作品、表演或者录音录像制品,使公众可以在其个人选定的时间和地点获得作品、表演或者录音录像制品的权利。

技术措施,是指用于防止、限制未经权利人许可浏览、欣赏作品、表演、录音录像制品的或者通过信息网络向公众提供作品、表演、录音录像制品的有效技术、装置或者部件。

权利管理电子信息,是指说明作品及其作者、表演及其表演者、录音录像制品及其制作者的信息,作品、表演、录音录像制品权利人的信息和使用条件的信息,以及表示上述信息的数字或者代码。

第二十七条 本条例自 2006 年 7 月 1 日起施行。

参 考 文 献

[1]　梁小东,等.中文版 office 2000 三合一快速培训教程.北京:电子工业出版社,2002
[2]　王学云,等.神笔数据二元汉语输入法教程.郑州:黄河水利出版社,2003
[3]　周珂令,等.windows XP中文版实用教程.北京:科学出版社,2002